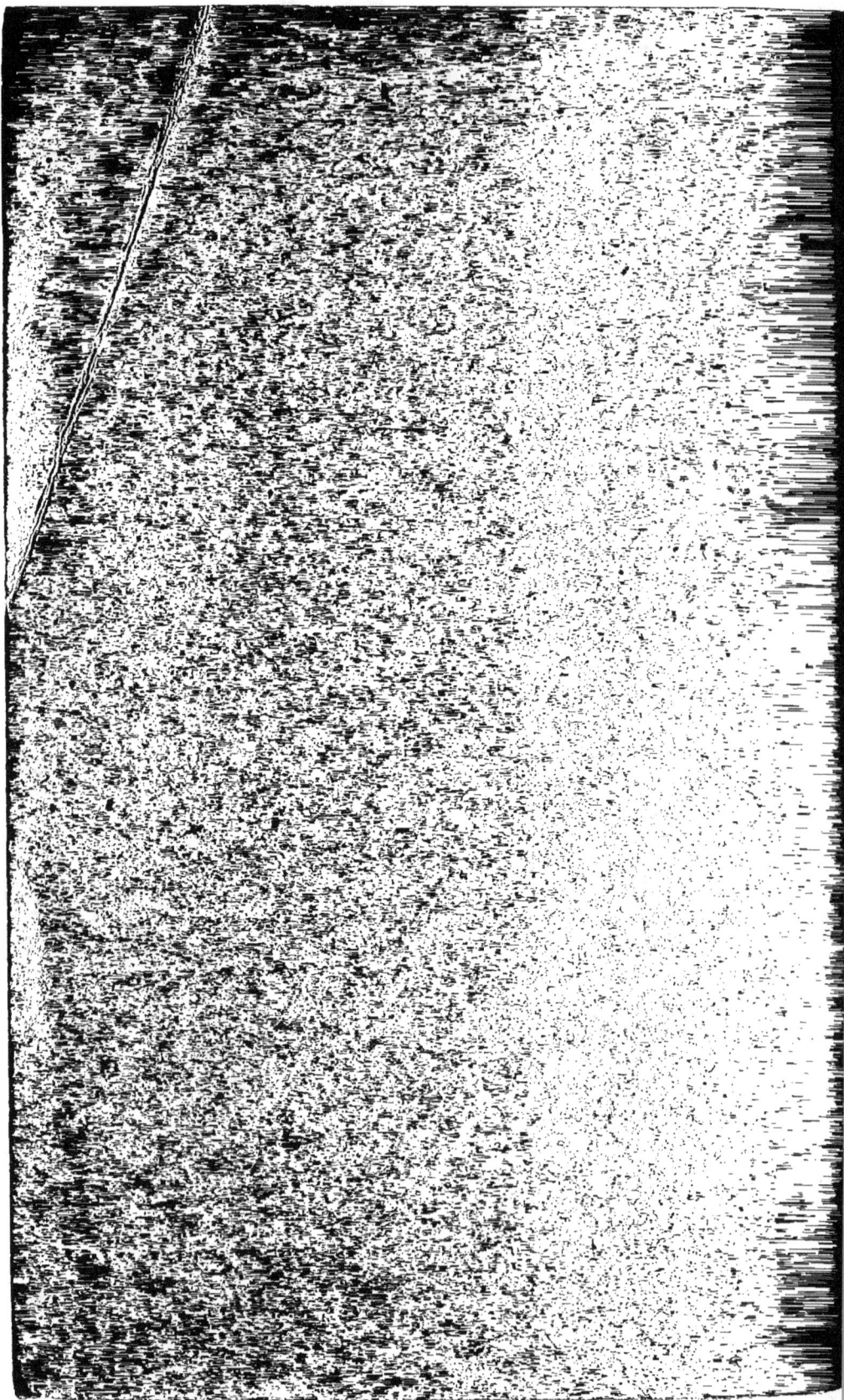

# TOPOGRAPHIE DE CAMPAGNE

---

## TOME I

A L'USAGE DU

## CHEF DE SECTION

DU MÊME AUTEUR

---

# TOPOGRAPHIE DE CAMPAGNE

---

## TOME II

A L'USAGE DE

## L'OFFICIER DE RENSEIGNEMENTS

1918. Un volume in-8, avec 143 figures et 1 planche.

P. PHILIPPOT

LIEUTENANT AU 4ᵉ RÉGIMENT DE ZOUAVES

# TOPOGRAPHIE DE CAMPAGNE

## TOME I

A L'USAGE DU

## CHEF DE SECTION

AVEC 124 FIGURES ET 4 PLANCHES

BERGER-LEVRAULT, LIBRAIRES-ÉDITEURS

PARIS | NANCY

5-7, RUE DES BEAUX-ARTS | RUE DES GLACIS, 18

1918

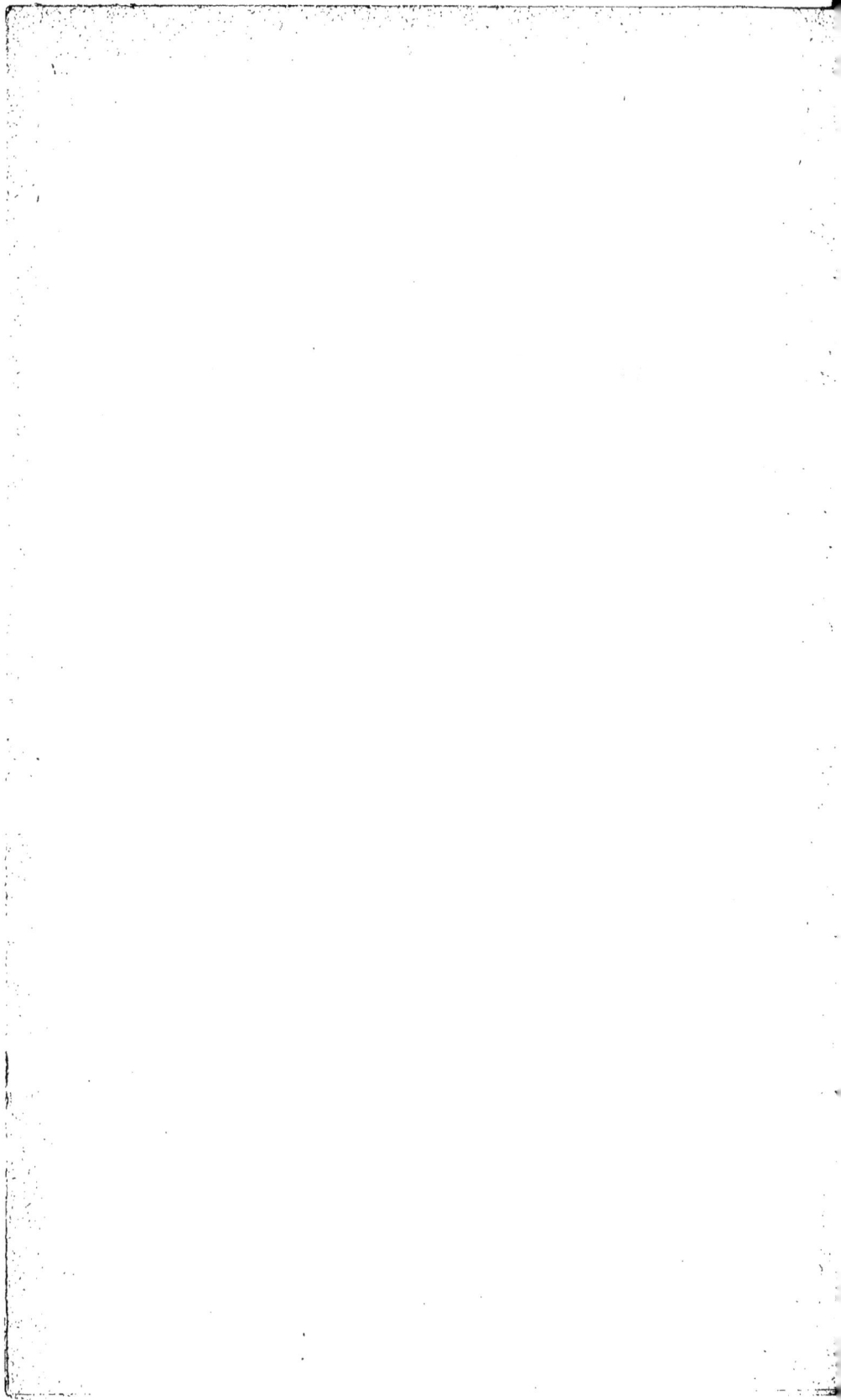

# POUR LES CHEFS DE SECTION

## CROQUIS DE CAMPAGNE

### LE PAS, LA BOUSSOLE, UN NIVEAU DE FORTUNE

Levé de reconnaissance d'un lieutenant du Premier Empire (1806).

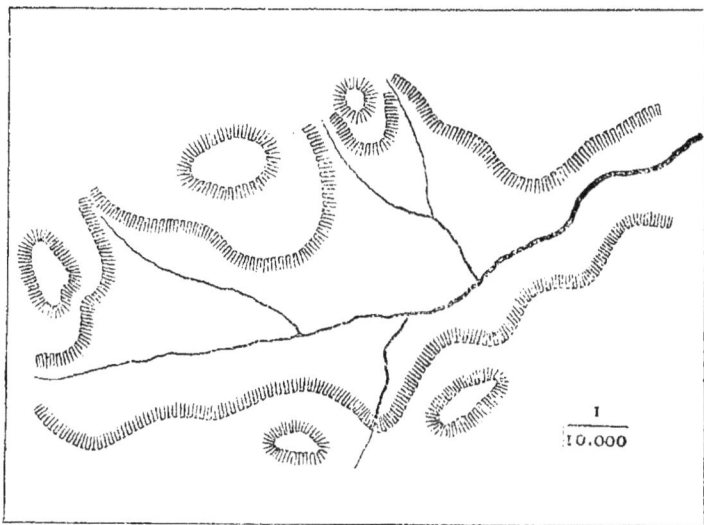

Levé de reconnaissance d'un chef de section des armées de la République (1916).

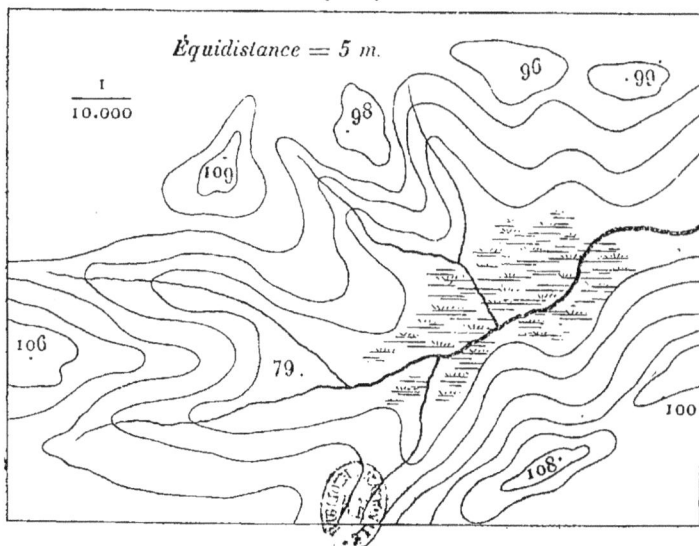

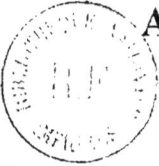

# AVANT-PROPOS

Parmi les multiples devoirs du chef de section d'infanterie, j'ai relevé les obligations suivantes :

Chaque chef de petit poste, commandant de grand'garde ou de réserve envoie le plus tôt possible son compte rendu et son croquis d'installation (*Manuel du Chef de section*, p. 451).

Chaque chef de petit poste doit fournir le croquis du secteur de son petit poste (p. 458).

La consigne écrite de chaque poste de guetteur est complétée si possible par un croquis panoramique de repérage (p. 387).

Exploitation tactique du succès. Signaler sans tarder les observatoires d'artillerie ennemie qui permettront la préparation sur la nouvelle position à attaquer (p. 413).

La recherche d'emplacements donnant de bonnes vues sur la position ennemie est de la plus grande importance. Les vues de flanc sont particulièrement intéressantes. Les observatoires sont signalés sans retard au commandement qui les fait connaître à l'artillerie (p. 430).

En ce qui concerne les observatoires reconnus, le modèle de carnet de comptes rendus remis aux chefs de section précise :

Indiquer par un signe $\Delta$ ceux reconnus. Compléter

cette indication par un angle avec frottis de crayon pour donner le secteur de visibilité. Indiquer les itinéraires pour se rendre aux observatoires.

Le compte rendu comporte des renseignements topographiques : état du terrain, communications, cheminements, relief, couverts, etc. ; il doit figurer l'emplacement de l'ennemi.

Le *Manuel du Chef de section* donne à titre d'exemple (p. 236) l'organisation d'une batterie de V. B. réglée par le capitaine. Le chef de section doit aider son chef dans la préparation du travail et savoir se servir de la planchette de tir ainsi établie.

Dans le même ordre d'idées, le chef de section sur la défensive doit étudier le terrain devant lui pour utiliser le tir de ses fusils ; il se sert de la carte, prend des repères, et mesure la distance des points remarquables (p. 219).

La liste est déjà longue, et j'en passe sûrement et notamment tout ce qui a trait aux reconnaissances commandées par un officier. Il faut donc que le chef de section soit en mesure d'établir, dans toutes les circonstances de la guerre actuelle, un croquis donnant des renseignements précis et exacts, sur lesquels compte le commandement, et non une image informe, sans aucune valeur technique : levé expédié, quand le chef de section sur la défensive est dans la période d'attente ; levé à vue, quand il se trouve au contact, sous le feu de l'ennemi.

En outre, le chef de section doit savoir utiliser les plans directeurs au $\frac{1}{5.000}$, merveilleux outil de travail

« qui doit être distribué aux troupes (à tous les échelons jusqu'au chef de section inclus) suffisamment à
temps pour qu'il puisse être bien étudié et complété sur
le terrain avant l'exécution des attaques au cours desquelles il devra être employé » (Instruction sur les
plans directeurs).

Enfin, tout chef de section doit pouvoir tirer parti
« du tirage sommaire du croquis à grande échelle de
son secteur d'attaque sur lequel sera indiquée la
marche de son unité en liaison avec l'artillerie » (Instruction du G. Q. G.).

Il faut donc que le chef de section sache déchiffrer,
lire à première vue, sans aucune hésitation, un plan à
grande échelle; qu'il sache y reconnaître les couverts,
les abris, les cheminements défilés et ensuite les suivre
sur le terrain et les utiliser pour amener sa troupe sur
l'ennemi avec le minimum de pertes.

Lire un plan à grande échelle, faire un croquis expédié ou à vue sont deux opérations qui se complètent
l'une par l'autre; il faut les apprendre simultanément,
sur le terrain et sur le plan.

De quels instruments un chef de section peut-il disposer en toutes circonstances? De *sa boussole*, de *ses
jambes* et d'un *niveau de fortune* qu'il peut construire
lui-même. Peut-il avec ces outils rudimentaires faire
un croquis réellement utile au commandement? Je
réponds hardiment par l'affirmative, et j'ajoute qu'il
peut y réussir parfaitement sans aucunes connaissances
spéciales, avec pour tout bagage scientifique quelques
notions élémentaires de géométrie et d'arithmétique
apprises à l'école primaire.

J'ai fait l'expérience de ce que j'avance comme commandant de compagnie à Verdun et sur la Somme, et comme instructeur aux cours des élèves chefs de section d'Essey-lès-Nancy, de Toul et d'Épinal; encouragé par les résultats obtenus, j'ai rédigé les notes qui suivent.

Écrites sans aucune prétention, elles ne constituent pas un traité de topographie de campagne, mais elles ont pour unique objectif d'être utiles aux chefs de section, mes camarades, et partant à mon pays.

# TOPOGRAPHIE DE CAMPAGNE

---

## CHEFS DE SECTION

---

### CHAPITRE I

#### TOPOGRAPHIE DE CAMPAGNE

1. — La topographie comprend l'étude et l'application des moyens et procédés qui permettent de représenter sur un plan horizontal appelé *plan de comparaison* une partie déterminée de la surface terrestre, une certaine étendue de terrain, une partie réduite de la surface du sol.

On appelle *carte, plan* ou *croquis* la feuille de papier sur laquelle la représentation du terrain a été ainsi effectuée.

Un terrain n'est jamais complètement plat; il présente des hauteurs plus ou moins accentuées, des dépressions plus ou moins profondes, dont l'ensemble constitue le *relief du sol.* La topographie comportera donc trois sortes d'opérations :

1° *La planimétrie,* application sur le terrain des moyens et procédés permettant de représenter sur le plan horizontal la forme et la position des objets situés à la surface du sol, figurés ou limités par des lignes (routes, canaux, maisons, villages, etc.);

2° *L'altimétrie ou nivellement,* application sur le terrain des moyens et procédés permettant de représenter sur le plan horizontal le relief du sol;

3° *Le report,* c'est-à-dire la mise en œuvre sur le papier des matériaux recueillis sur le terrain par les opérations de planimétrie et de nivellement.

2. **Échelle.** — La carte ou le plan devant donner en petit l'image exacte du terrain, les dimensions réelles du terrain doivent évidemment être réduites sur la carte ou sur le plan. Tout travail topographique exige donc une réduction, c'est-à-dire que pour établir une carte ou un plan il faut réduire les dimensions du terrain dans la même proportion, dans le même rapport. Ce rapport se nomme *l'échelle* de la carte ou du plan ; il est généralement exprimé par une fraction ordinaire dont le numérateur représente une longueur mesurée sur la carte et le dénominateur la longueur réelle correspondante mesurée sur le terrain ; cette fraction est *l'échelle numérique.*

Ainsi $\frac{1}{80.000}$ est une échelle numérique ; cette fraction indique qu'une longueur de 1 m mesurée sur la carte représente une longueur de 80.000 m sur le terrain ; par suite 1 dm sur la carte représente 8.000 m sur le terrain ; 1 cm sur la carte, 800 m sur le terrain ; 1 mm, 80 m.

A l'échelle du $\frac{1}{5.000}$, 1 m du plan représente 5.000 m du terrain ; 1 dm du plan, 500 m du terrain ; 1 cm, 50 m ; 1 mm, 5 m.

A l'échelle du $\frac{1}{250}$ on aura : 1 m du plan pour 250 m du terrain ; 1 cm pour $2^m 50$ ; 1 mm pour 25 cm.

Le choix de l'échelle doit être fait suivant les besoins à satisfaire, la nature et l'importance des renseignements à fournir. Plus le dénominateur de l'échelle est grand, plus la carte est petite, et plus difficile devient l'inscription des détails ; plus le dénominateur est petit, plus le plan est grand, et plus facile devient le report de tous les détails.

3. *Cartes, plans, croquis.* — Un travail topographique dont l'échelle va de $\dfrac{1}{20.000}$ à $\dfrac{1}{100.000}$ est une carte topographique; de $\dfrac{1}{20.000}$ et au-dessous le travail est un plan topographique.

On emploie généralement les échelles de la façon suivante : de $\dfrac{1}{1.000}$ au $\dfrac{1}{4.000}$, plan d'une ferme, d'un hameau, d'un village à organiser défensivement par exemple ; ou bien plan d'une partie de position dont il faut mettre certains détails en évidence ; du $\dfrac{1}{5.000}$ au $\dfrac{1}{20.000}$, plans directeurs, plans de position, itinéraires et reconnaissances.

La désignation carte ou plan topographique s'applique à un travail de longue haleine fait avec des instruments de précision ; mais en campagne les opérations sur le terrain sont rapides, exécutées avec des instruments peu perfectionnés, souvent improvisés, et les levés sont faits quelquefois sans instruments, à vue. Les travaux de ce genre sont obligatoirement désignés sous le nom de croquis.

Un chef qui fournit un travail topographique doit toujours le désigner sous l'appellation qui lui convient : plan ou croquis. Il donne ainsi une première idée de son degré d'exactitude ; il doit ensuite ajouter la mention des instruments qu'il a employés sur le terrain : levé à vue, ou bien levé à la boussole ordinaire et au pas, par exemple.

4. *Topographie de campagne.* — Dans l'étude qui va suivre nous ne nous occuperons que de la topographie de campagne et par conséquent que des croquis que tout officier doit savoir exécuter, c'est-à-dire de travaux topographiques se rattachant à une opération militaire déterminée, donnant d'une façon précise et correcte tous les détails utiles à connaître en raison du but à atteindre.

Pour faire un croquis, celui d'une position ou d'un terrain d'attaque par exemple, il n'existe qu'une seule méthode pratique, qui oblige toujours à procéder dans l'ordre suivant :

Faire la reconnaissance préalable du terrain à lever en le parcourant rapidement ou en l'observant d'une station qui le domine ;

Discerner au milieu des détails de l'ensemble les lignes principales du terrain, celles qui présentent le plus grand intérêt au point de vue militaire et plus particulièrement de l'opération à effectuer ;

Repérer ces lignes principales par la pensée, les couvrir et les relier par des polygones se soudant entre eux et dont l'ensemble forme l'ossature, le canevas du travail de levé à effectuer sur le terrain.

Ainsi les polygones de la figure 1 limitent et couvrent le terrain à lever ; les côtés suivent aussi exactement que possible les lignes principales de la position. L'ensemble constitue le canevas. Mais les polygones sont divisés en triangles

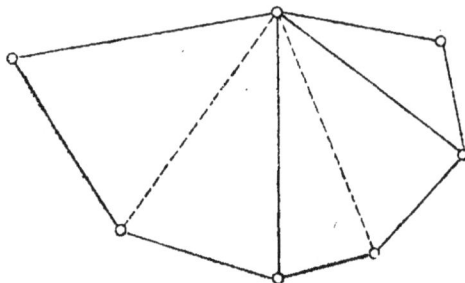

Fig. 1.

par les diagonales tracées en pointillé ; les triangles sont formés par des droites qui se coupent sous de certains angles.

Il faudra donc obliger le débutant qui voudra lever ce canevas, à passer du simple au composé et lui apprendre à lever, en planimétrie et en nivellement, d'abord une droite de direction donnée, ensuite l'angle de deux droites, puis un triangle et enfin un polygone, de la même façon que pour apprendre à lire à un élève, le maître l'oblige d'abord à connaître les caractères de l'alphabet que l'enfant finit

par savoir réunir pour former d'abord des mots et ensuite
des phrases.

Pour apprendre la topographie de campagne, nous sui-
vrons en conséquence l'ordre logique suivant :

1° La droite ;

2° Angle de deux droites ;

3° Le triangle ;

4° Le polygone.

# CHAPITRE II

## LA DROITE

**5. *Position d'une droite par rapport au plan de comparaison.*** — Soit P le plan horizontal ou plan de comparaison. Une droite quelconque du terrain ne peut occuper par rapport au plan de comparaison que l'une des trois positions suivantes :

1° AB parallèle au plan ;

2° CD oblique au plan ;

3° EH perpendiculaire au plan.

Une droite parallèle au plan horizontal est une horizontale ; une droite perpendiculaire au plan est une verticale.

Par suite une droite quelconque du terrain est par rapport au plan de comparaison *parallèle, verticale, oblique.*

**6. *Projection d'une droite sur le plan de comparaison.*** — Si du point A (fig. 2) j'abaisse une perpendiculaire sur le plan de comparaison, cette verticale coupera le plan en un point *a,* que l'on appellera pied de la perpendiculaire. Abaissons du point B une perpendiculaire sur le plan : son pied sera en *b.* La droite du plan *ab,* qui joint les deux pieds, est la projection de AB sur le plan de comparaison ; *cd* est la projection de CD ; la projection de la verticale EH se réduit à un point.

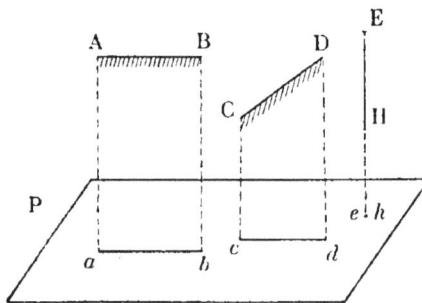

Fig. 2.

On voit de plus (fig. 3) que :

1° La projection d'une droite horizontale est égale à la droite elle-même ; ce qui s'exprime en disant : *une horizontale se projette en vraie grandeur ;*

2° La projection d'une oblique est toujours plus petite que l'oblique elle-même ;

3° La projection d'une verticale est un point.

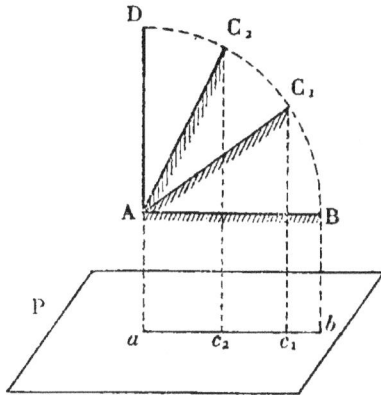

Fig. 3.

7. **Angle de projection ou angle de pente**. — Supposons une oblique AB prolongée jusqu'au plan de comparaison qu'elle rencontre en O (fig. 4).

L'angle AO$a$ que l'oblique fait avec sa projection sur le plan s'appelle *angle de projection*. Cet angle mesure l'inclinaison de l'oblique sur le plan de comparaison, ou la pente de l'oblique ; on l'appelle aussi *angle de pente*. Ainsi une oblique est inclinée de 30° quand elle fait avec sa projection sur le plan de comparaison un angle de 30°. On exprime la même idée en disant : la pente de l'oblique AB est de 30°.

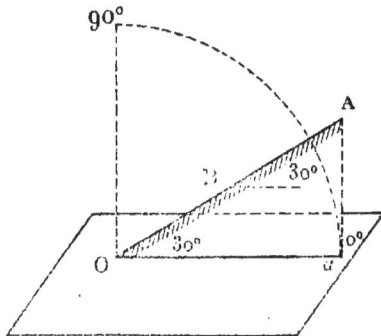

Fig. 4.

Les angles de pente se mesurent de 0° à 90°, la graduation 0 étant sur l'horizontale, la graduation 90 sur la verticale.

En résumé : une horizontale se projette en vraie grandeur ; sa pente est égale à zéro ;

Une verticale a pour projection un point ; sa pente est
égale à 90° ;

La projection d'une oblique est toujours plus petite que
l'oblique elle-même ; sa pente varie entre 0° et 90°.

8. **Réduction d'une oblique à l'horizon.** — Soit
l'oblique AB (fig. 5) ; *ab* est la
projection de cette oblique sur
l'horizontale H.

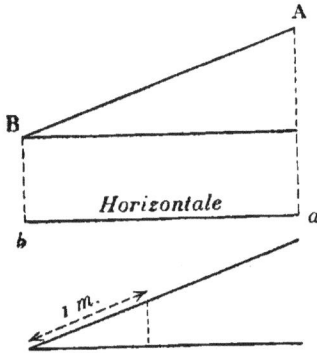

On dit que la longueur de
cette projection est la longueur
de l'oblique AB réduite à l'horizon ; par conséquent réduire
une oblique à l'horizon consiste
à calculer, l'angle de pente
étant donné, la longueur de la
projection de cette oblique. La
table suivante permet de faire
rapidement ce calcul ; elle donne
pour les angles de 1° à 90°, la longueur réduite à l'horizon
pour 1 m mesuré sur le terrain.

Fig. 5.

TABLEAU

Table de réduction à l'horizon.

| ANGLES | | RÉDUCTION à l'horizon | ANGLES | | RÉDUCTION à l'horizon | ANGLES | | RÉDUCTION à l'horizon |
|---|---|---|---|---|---|---|---|---|
| Degrés | Mil-lièmes | | Degrés | Mil-lièmes | | Degrés | Mil-lièmes | |
| 1 | 18 | 0,999 | 31 | 551 | 0,857 | 61 | 1084 | 0,485 |
| 2 | 36 | 999 | 32 | 568 | 848 | 62 | 1102 | 469 |
| 3 | 53 | 999 | 33 | 585 | 839 | 63 | 1120 | 454 |
| 4 | 71 | 998 | 34 | 604 | 829 | 64 | 1136 | 438 |
| 5 | 89 | 996 | 35 | 622 | 819 | 65 | 1156 | 423 |
| 6 | 107 | 995 | 36 | 640 | 809 | 66 | 1170 | 407 |
| 7 | 124 | 993 | 37 | 658 | 799 | 67 | 1191 | 391 |
| 8 | 142 | 990 | 38 | 676 | 788 | 68 | 1208 | 375 |
| 9 | 160 | 988 | 39 | 693 | 777 | 69 | 1227 | 358 |
| 10 | 178 | 0,985 | 40 | 711 | 0,766 | 70 | 1244 | 0,342 |
| 11 | 195 | 982 | 41 | 729 | 755 | 71 | 1262 | 326 |
| 12 | 213 | 978 | 42 | 747 | 743 | 72 | 1280 | 309 |
| 13 | 231 | 974 | 43 | 764 | 731 | 73 | 1298 | 292 |
| 14 | 249 | 970 | 44 | 782 | 719 | 74 | 1316 | 276 |
| 15 | 267 | 966 | 45 | 800 | 707 | 75 | 1333 | 259 |
| 16 | 284 | 961 | 46 | 818 | 695 | 76 | 1352 | 242 |
| 17 | 302 | 956 | 47 | 835 | 682 | 77 | 1369 | 225 |
| 18 | 320 | 951 | 48 | 853 | 669 | 78 | 1387 | 208 |
| 19 | 338 | 946 | 49 | 871 | 656 | 79 | 1404 | 191 |
| 20 | 356 | 0,940 | 50 | 889 | 0,643 | 80 | 1422 | 0,174 |
| 21 | 372 | 934 | 51 | 907 | 629 | 81 | 1440 | 156 |
| 22 | 390 | 927 | 52 | 924 | 616 | 82 | 1458 | 139 |
| 23 | 409 | 921 | 53 | 942 | 602 | 83 | 1476 | 122 |
| 24 | 425 | 914 | 54 | 960 | 588 | 84 | 1494 | 105 |
| 25 | 444 | 906 | 55 | 975 | 573 | 85 | 1511 | 087 |
| 26 | 462 | 899 | 56 | 996 | 559 | 86 | 1528 | 070 |
| 27 | 480 | 891 | 57 | 1013 | 545 | 87 | 1547 | 052 |
| 28 | 498 | 883 | 58 | 1030 | 530 | 88 | 1564 | 035 |
| 29 | 515 | 875 | 59 | 1049 | 515 | 89 | 1582 | 017 |
| 30 | 534 | 0,866 | 60 | 1067 | 0,500 | 90 | 1600 | 0,000 |

EXEMPLES : Une droite inclinée à 10° mesure sur le terrain 120 m; réduite à l'horizon elle égale : 0,985 × 120 = 118ᵐ 20.

La pente d'une oblique de 250 m de longueur est de 20°; réduite à l'horizon l'oblique mesure : 0,940 × 250 = 235 m.

9. *Éléments qui déterminent une droite.* — Une droite

de l'espace n'est exactement déterminée que lorsqu'on connaît :

1° Sa longueur ; 2° sa direction ; 3° sa pente.

Par conséquent pour lever une droite, c'est-à-dire pour prendre sur le terrain tous les éléments qui permettront de placer, de reporter la droite sur le croquis, il faudra :

1° Mesurer sa longueur ;

2° Déterminer sa direction ;

3° Mesurer sa pente.

Nous allons étudier les moyens pratiques d'effectuer rapidement ces trois opérations.

10. **Mesure d'une droite au double pas.** — En topographie de campagne, toutes les droites du terrain sont mesurées au pas, en prenant pour unité le double pas ; chaque débutant doit donc étalonner son pas, c'est-à-dire déterminer une fois pour toutes, mais très exactement, combien il fait de doubles pas pour couvrir une longueur de 100 m.

Pratiquement on effectuera cet étalonnage sur une route portant des bornes kilométriques ; on choisira de préférence une route présentant quelques déclivités. Après quelques expériences, le débutant se convaincra rapidement :

1° Qu'avec un peu d'attention, la mesure d'une droite au pas étalonné donne des résultats suffisamment exacts ;

2° Qu'en terrain moyennement incliné, la pente d'une oblique ne modifie les résultats d'une mesure au pas que dans des conditions négligeables quand il s'agit d'exécuter un levé de campagne.

11. **Passer d'une longueur exprimée en doubles pas à la longueur correspondante exprimée en mètres. Réduire cette longueur à une échelle donnée.** — Un chef de section fait 60 doubles pas pour 100 m ; son croquis doit être établi à l'échelle du $\dfrac{1}{5.000}$. Comment calculera-t-il

pour abréger les calculs de réduction à l'échelle du croquis des longueurs exprimées en doubles pas ?

Soit $n$ le nombre de doubles pas trouvés.

$$60 \text{ doubles pas font : } 100 \text{ m.}$$

$$1 \text{ double pas fait : } \frac{100}{60}$$

$$n \text{ doubles pas feront : } \frac{100 \times n}{60} \text{ m.}$$

Cette longueur doit être réduite à l'échelle du $\frac{1}{5.000}$. A cette échelle 1 mm du croquis vaut 5 m du terrain. Il faut donc diviser par 5 la fraction $\frac{100 \times n}{60}$, soit multiplier son dénominateur par 5.

On aura ainsi : $\frac{100 \times n}{60 \times 5}$.

En simplifiant, il viendra :

$$\frac{100 \times n}{60 \times 5} = \frac{10\,n}{6 \times 5} = \frac{2\,n}{6} = \frac{n}{3}.$$

Il suffira donc de diviser par 3 le nombre de doubles pas trouvés pour obtenir rapidement le nombre de millimètres à porter sur le croquis.

AUTRE EXEMPLE. — Un officier compte 65 doubles pas pour 100 m ; il fait un croquis au $\frac{1}{20.000}$.

$$65 \text{ doubles pas font : } 100 \text{ m.}$$

$$1 \text{ double pas fait : } \frac{100}{65}$$

$$n \text{ doubles pas font : } \frac{100 \times n}{65} \text{ m.}$$

Pour réduire au $\frac{1}{20.000}$, il faut diviser par 20. On aura :

$$\frac{100 \times n}{65 \times 20} = \frac{5\,n}{65} = \frac{n}{13}.$$

J'insiste sur ces détails qui sont les petites ficelles du métier. Il faut s'exercer à ces simplifications de calcul qui, ajoutées à quelques autres, permettront de réaliser une des conditions essentielles d'un travail de campagne : la rapidité dans l'exécution.

### 12. *Déterminer la direction d'une droite du terrain.*
— La direction d'une droite est exactement déterminée si on connaît l'angle qu'elle fait avec une autre droite prise comme repère, ladite droite ayant une direction constante, fixe, facile à établir et à retrouver. Pour obtenir cette direction fixe on a utilisé la propriété que possède une aiguille aimantée, placée sur un pivot et mobile autour de ce point, de prendre d'elle-même, quand elle est horizontale, une direction constante faisant avec la direction du nord un angle connu appelé *déclinaison.*

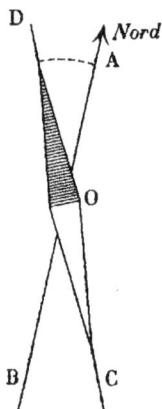

Soit BA la direction du nord ; l'aiguille aimantée, mobile autour de son pivot, prendra d'elle-même la direction CD.

Fig. 6.

L'angle AOD est la déclinaison.

On dit que l'aiguille prend la direction du *nord magnétique*. La déclinaison est donc l'angle formé par la direction du nord vrai ou *nord géographique* et la direction du *nord magnétique*.

La déclinaison n'est pas constante : elle varie, mais dans de très faibles proportions pour chaque région et pour chaque année. L'annuaire du Bureau des longitudes donne tous les ans la valeur de la déclinaison pour les points principaux du globe ; mais en topographie de campagne, on fera les levés du terrain en se basant sur la direction du nord magnétique, quitte ensuite à ramener, en dessinant le croquis, tout le travail au nord géographique, si la déclinaison est connue.

La flèche d'orientation que portera le croquis indiquera de façon apparente par la notation N*g* ou N*m* si la réduction au nord géographique a été oui ou non effectuée.

13. **Boussole.** — L'aiguille aimantée placée sur son pivot et mobile autour de lui est maintenue dans une boîte en bois, de forme carrée ou ronde : l'appareil est désigné sous le nom de boussole.

Il en existe de très nombreux modèles, plus ou moins perfectionnés ; mais dans tout ce qui va suivre nous ne nous occuperons que de la boussole portative ordinaire qui fait partie du bagage de tout officier et qui est suffisante pour établir correctement un levé de campagne.

Par suite d'une propriété des aimants c'est toujours la même pointe de l'aiguille qui se dirige vers le nord magnétique. Pour éviter des erreurs cette pointe est marquée par un signe apparent, le plus souvent par une teinte bleue tranchant sur la coloration blanche de l'aiguille.

L'aiguille doit avoir au moins 6 cm de longueur ; plus longue sera l'aiguille, plus sûres seront les visées faites avec la boussole.

Le limbe de la boussole, c'est-à-dire la circonférence sur laquelle la pointe de l'aiguille peut se mouvoir, est divisé en degrés ou en grades, comptés dans le sens de la marche des aiguilles d'une montre. La graduation

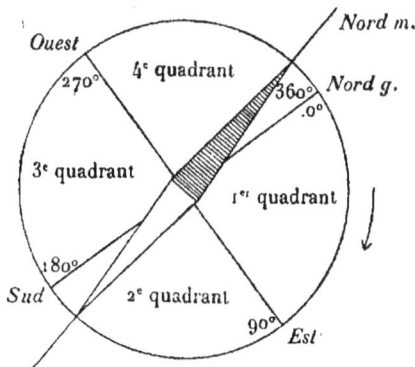

Fig. 7.

o correspond au nord géographique ; la circonférence est divisée en quatre quadrants.

Le premier quadrant va de 0° à 90° ; le second, de 90° à

180°; le troisième, de 180° à 270°; le quatrième, de 270° à 360°.

Les diamètres perpendiculaires qui déterminent les quadrants indiquent la direction de l'est, du sud et de l'ouest.

14. **Azimut**. — L'angle que fait une droite quelconque du terrain avec la direction fixe donnée par l'aiguille d'une boussole s'appelle azimut.

Les azimuts se comptent dans le sens contraire à celui de la marche des aiguilles d'une montre; les quadrants sont numérotés de 1 à 4 en allant de l'origine vers l'ouest. Soit OB la direction du nord magnétique donnée par l'aiguille de la boussole (fig. 8).

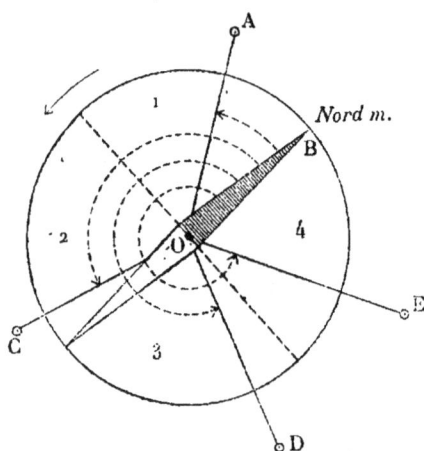

Fig. 8.

L'azimut de la droite OA est l'angle BOA; celui de la droite OC est l'angle BOC; pour la droite OD, l'azimut est l'angle BOD et pour la droite OE, l'azimut sera l'angle BOE.

Il faut bien remarquer (fig. 7 et 8) que les divisions de la boussole vont de l'origine o° vers l'est, c'est-à-dire dans le sens de la marche des aiguilles d'une montre, tandis que les azimuts sont comptés de l'origine vers l'ouest, c'est-à-dire en sens contraire.

15. *Prendre avec une boussole l'azimut d'une droite*. — Soit à lever avec la boussole du point O, ou station O, l'azimut du clocher C (fig. 9).

1re Position. — On tourne la boussole jusqu'à ce que la pointe bleue de l'aiguille vienne affleurer la division o du

limbe de la boussole (fig. 9). L'aiguille donne alors la direction du nord magnétique, base des azimuts.

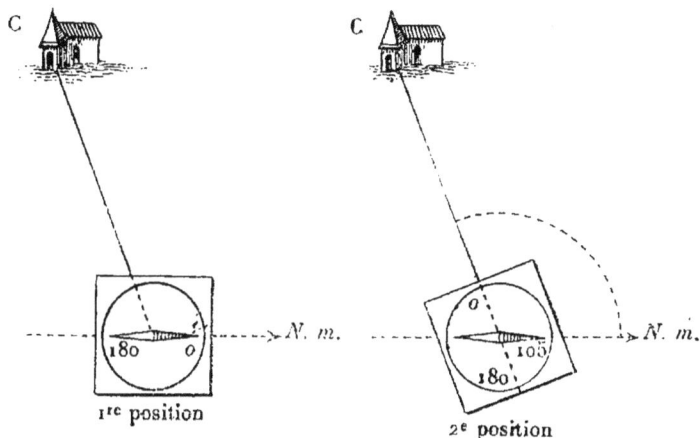

Fig. 9.

2ᵉ Position. — Viser le clocher C avec la ligne 180-0 de
la boussole, la graduation 0 étant dirigée vers le clocher;
dans ce mouvement l'aiguille aimantée revient après quelques oscillations à sa position primitive et donne toujours
la direction du nord magnétique. La pointe bleue affleure
une division 105° par exemple, qui mesure l'azimut du
clocher, puisqu'il est convenu que les azimuts sont comptés
dans le sens contraire de la marche des aiguilles d'une
montre et que le limbe de la boussole est gradué en sens
inverse (14).

Autre exemple. — Soit de la station à prendre l'azimut
d'une maison M (fig. 10).

1ʳᵉ Position. — La pointe bleue de l'aiguille affleure le
zéro de la graduation; l'aiguille donne la direction du nord
magnétique.

2ᵉ Position. — Faire tourner la boussole et viser la
maison avec la ligne 180°-0°, la graduation 0° étant dirigée
vers la maison. La pointe bleue affleure la division 205;
l'azimut de la direction OM est 205°.

RECOMMANDATION ESSENTIELLE. — *Il faut viser le point dont on mesure l'azimut avec la ligne sud-nord, marquée sur le limbe de la boussole par la graduation 180°-0°, c'est-à-dire que la graduation d'origine 0° doit être toujours dirigée vers le point visé.*

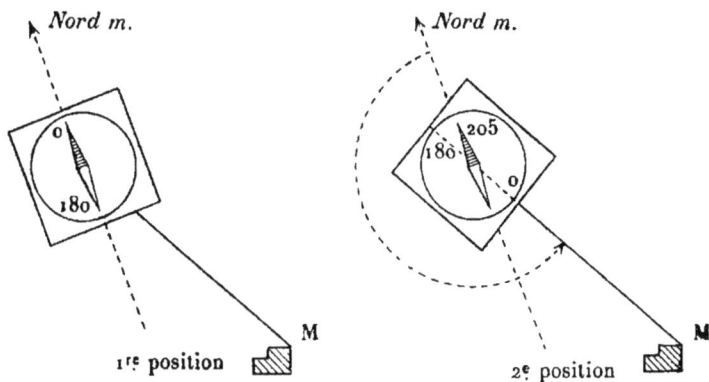

Fig. 10.

16. **Vérifier un azimut.** — En topographie une droite quelconque doit toujours être envisagée comme ayant deux directions ; ainsi on peut parcourir la droite AB (fig. 11) en marchant de A vers B, ou bien en partant de B pour aller vers A, c'est-à-dire dans deux sens, ou dans deux directions différentes.

L'azimut de AB et l'azimut de BA diffèrent de 180°. En effet, l'azimut de AB est par définition l'angle $aAb$ ; l'azimut de BA est l'angle $b'Ba'$.

$$\text{L'azimut } AB = aAb = am + bAm.$$

**Mais,**

$$bAm = b'Ba' \text{ et } am = 180°.$$

On peut donc écrire :

$$aAb = 180° + b'Ba'$$

ou :

$$aAb - b'Ba' = 180°.$$

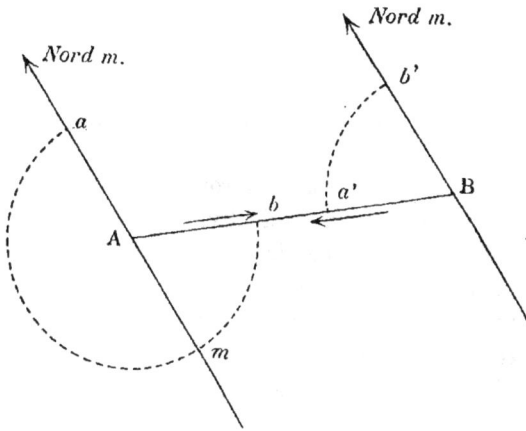

Fig. 11.

Donc si d'une station A on a pris l'azimut de la station B, il suffira pour vérifier l'opération de se porter en B et de ce point de prendre l'azimut de la station A.

La différence des deux angles doit être égale à 180°.

EXEMPLE :            Azimut AB = 260°
                          — BA = 80°
                     Différence : 180°

Si le point visé est inaccessible, ou s'il est trop éloigné, il suffira de se placer en *m*, exactement sur l'alignement OM à une cinquantaine de mètres environ de la station O, et de ce point *m* de prendre l'azimut de O. La différence des deux angles sera égale à 180° si l'opération a été bien faite.

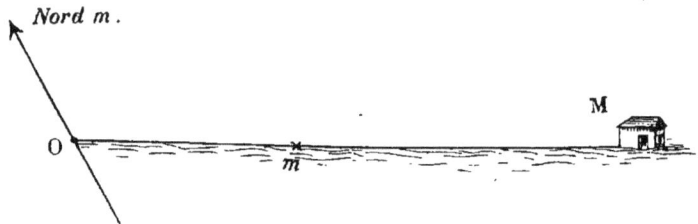

Fig. 12.

## *Opérations pratiques sur le terrain.*

1° Étalonnage du pas sur une route kilométrée et hecto-métrée, présentant quelques déclivités ;

2° Mesurer au pas une droite du terrain ; la distance entre deux points remarquables ;

3° Prendre l'azimut d'une direction ; le vérifier ;

4° S'exercer à estimer à vue dans quel quadrant tombe une direction quelconque ; vérifier à la boussole.

### PENTE D'UNE DROITE

17. **Définitions.** — Soient le plan de comparaison P et l'oblique AB qui fait avec sa projection sur le plan un angle de 22°. On dit que la droite est inclinée à 22° sur le plan de comparaison ou sur l'horizontale (6), ou bien que la pente de l'oblique est de 22°.

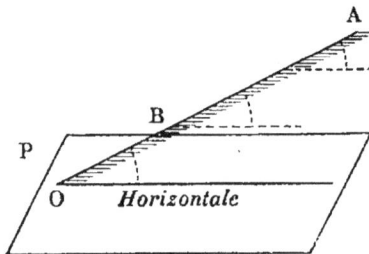

Fig. 13.

Il faut remarquer que si par des points quelconques de l'oblique OB on mène des horizontales, c'est-à-dire des droites parallèles au plan horizontal, tous les angles ainsi formés seront égaux à l'angle de pente, soit 22° pour l'oblique OB.

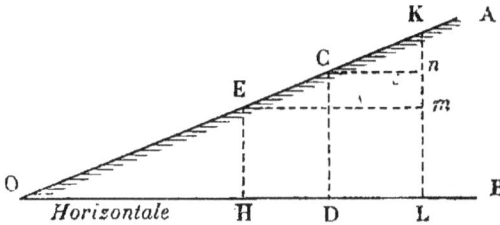

Fig. 14.

Il existe une autre manière d'exprimer la pente d'une oblique. Soit une oblique OA et l'horizontale OB (fig. 14).

Si du point C j'abaisse la perpendiculaire CD, la pente sera exprimée par le rapport de la hauteur CD à la base OD, soit :

$$\frac{CD}{OD} = \text{pente.}$$

Pour un autre point quelconque, E par exemple, nous aurons :

$$\frac{EH}{OH} = \text{pente};$$

et pour un autre point K :

$$\frac{KL}{OL} = \text{pente.}$$

Tous ces rapports sont égaux entre eux; on peut donc écrire :

$$\frac{CD}{OD} = \frac{EH}{OH} = \frac{KL}{OL} \ldots\ldots\ldots = \text{pente.}$$

La pente d'une oblique déterminée par deux de ses points est mesurée par le rapport qui existe entre la distance verticale et la distance horizontale qui séparent ces deux points.

L'oblique est déterminée par les points O et K :

$$\text{pente} = \frac{KL}{LO};$$

L'oblique est déterminée par les points E et K :

$$\text{pente} = \frac{Km}{Em};$$

Par les points C et K :

$$\text{pente} = \frac{Kn}{Cn};$$

Par les points C et O :

$$\text{pente} = \frac{CD}{OD}.$$

Tous ces rapports sont égaux entre eux. Soit l'oblique CO ; nous supposons CD = 4 m et OD = 9 m.

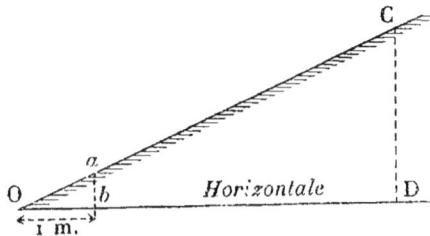

Fig. 15.

La pente de la droite sera exprimée par le rapport :

$$\frac{CD}{OD} = \frac{4}{9}.$$

En divisant 4 par 9, nous avons le quotient 0,44. La pente de l'oblique sera égale à :

$$\frac{4}{9} = 0,44.$$

Si nous prenons sur l'horizontale 1 m de base, nous aurons :

$$\frac{ab}{Ob} = \frac{ab}{1} = \text{pente} = 0,44$$

et nous aurons $ab = 44$ cm. Donc pour 1 m de distance horizontale, ou bien pour 1 m de base, la droite s'élève de 44 cm; ce que l'on exprime en disant : l'oblique a une pente de 44 cm par mètre.

Pour 1 m de base la droite s'élève de 44 cm; pour 100 m de base elle s'élèvera de :

$$100 \times 44 \,\text{cm} = 44 \,\text{m}.$$

On dira : l'oblique OC est inclinée de $\frac{44}{100}$ ou de 44 pour 100.

De même une oblique dont la pente est exprimée par le rapport $\frac{6}{100}$ s'élève de 6 m pour 100 m de base; on dira : l'oblique est inclinée à 6 pour 100; — de même la pente d'une droite inclinée à 2 pour 100 s'exprimera par le rapport $\frac{2}{100}$.

L'oblique CA est inclinée à 45° (fig. 16). Dans ce cas l'angle ACB égale aussi 45°. Le triangle CAB est isocèle et le côté CB égale le côté AB.

La pente sera alors exprimée par le rapport

$$\frac{BC}{BA} = 1.$$

La hauteur sera égale à la base; on dira : l'oblique est inclinée à 45° ou à $\frac{1}{1}$.

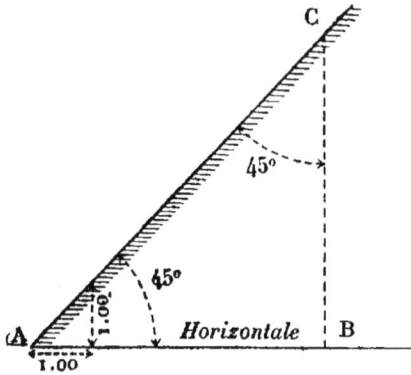

Fig. 16.

18. **Différentes manières d'exprimer la pente d'une droite.** — Elles sont résumées dans l'exemple suivant :

Je suppose que l'angle de pente de l'oblique OA soit égal à 35°; BC = 14 m; OC = 20 m.

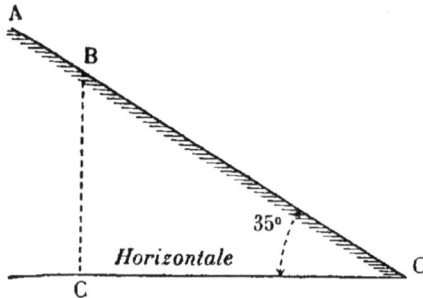

Fig. 17.

Nous aurons :

$$\text{pente} = \frac{BC}{OC} = \frac{14}{20} = 0,70.$$

On dira :

1° La pente de l'oblique est de 35° ;

2° L'oblique est inclinée à 35° sur l'horizon ;

3° La pente de l'oblique est de 70 cm par mètre ;

4° La pente de l'oblique est de 7 pour 10, 70 pour 100, 700 pour 1.000 ;

5° L'oblique est inclinée à 7 pour 10.

Il importe de se familiariser avec ces différentes manières d'exprimer l'inclinaison ou la pente d'une oblique ; elles sont d'une application constante en topographie, en fortification et dans toutes les questions de tir.

19. **Table de pente.** — Comme nous venons de le voir (17) la pente d'une oblique est déterminée par son angle de pente $a$ ou bien par la hauteur verticale $h$ correspondant à une base ou distance horizontale de 1 m (fig. 18).

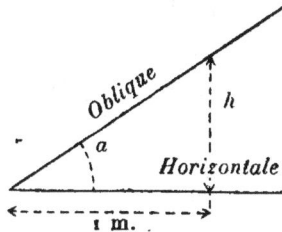

Fig. 18.

Le tableau suivant met en regard ces deux éléments $a$ et $h$ pour les angles de 1° à 90°.

TABLEAU

## Table de pente.

| ANGLES | | $h$ | ANGLES | | $h$ | ANGLES | | $h$ |
|---|---|---|---|---|---|---|---|---|
| Degrés | Millièmes | | Degrés | Millièmes | | Degrés | Millièmes | |
| | $a$ | | | $a$ | | | $a$ | |
| 1 | 18 | 0,017 | 31 | 551 | 0,601 | 61 | 1084 | 1,804 |
| 2 | 36 | 035 | 32 | 568 | 625 | 62 | 1102 | 881 |
| 3 | 53 | 052 | 33 | 585 | 649 | 63 | 1120 | 963 |
| 4 | 71 | 070 | 34 | 604 | 675 | 64 | 1138 | 2,050 |
| 5 | 89 | 087 | 35 | 622 | 700 | 65 | 1156 | 145 |
| 6 | 107 | 105 | 36 | 640 | 726 | 66 | 1170 | 246 |
| 7 | 124 | 123 | 37 | 658 | 753 | 67 | 1191 | 356 |
| 8 | 142 | 141 | 38 | 676 | 781 | 68 | 1208 | 475 |
| 9 | 160 | 158 | 39 | 693 | 810 | 69 | 1227 | 605 |
| 10 | 178 | 0,176 | 40 | 711 | 0,839 | 70 | 1244 | 2,747 |
| 11 | 195 | 194 | 41 | 729 | 869 | 71 | 1262 | 904 |
| 12 | 213 | 213 | 42 | 747 | 900 | 72 | 1280 | 3,078 |
| 13 | 231 | 231 | 43 | 764 | 933 | 73 | 1298 | 271 |
| 14 | 249 | 249 | 44 | 782 | 966 | 74 | 1316 | 487 |
| 15 | 267 | 268 | 45 | 800 | 1,000 | 75 | 1333 | 732 |
| 16 | 284 | 287 | 46 | 818 | 035 | 76 | 1352 | 4,011 |
| 17 | 302 | 306 | 47 | 835 | 072 | 77 | 1369 | 331 |
| 18 | 320 | 325 | 48 | 853 | 111 | 78 | 1387 | 705 |
| 19 | 338 | 344 | 49 | 871 | 150 | 79 | 1404 | 5,145 |
| 20 | 356 | 0,364 | 50 | 889 | 1.192 | 80 | 1422 | 5,671 |
| 21 | 372 | 384 | 51 | 907 | 235 | 81 | 1440 | 6,314 |
| 22 | 390 | 404 | 52 | 924 | 280 | 82 | 1458 | 7,115 |
| 23 | 409 | 424 | 53 | 942 | 327 | 83 | 1476 | 8,144 |
| 24 | 425 | 445 | 54 | 960 | 376 | 84 | 1494 | 9,514 |
| 25 | 444 | 466 | 55 | 975 | 428 | 85 | 1511 | 11,430 |
| 26 | 462 | 488 | 56 | 996 | 483 | 86 | 1528 | 14,301 |
| 27 | 480 | 510 | 57 | 1013 | 540 | 87 | 1547 | 19,081 |
| 28 | 498 | 532 | 58 | 1030 | 600 | 88 | 1564 | 28,636 |
| 29 | 515 | 554 | 59 | 1049 | 664 | 89 | 1582 | 57,290 |
| 30 | 534 | 0,577 | 60 | 1067 | 1,732 | 90 | 1600 | ∞ |

20. *Usage de la table de pente*. — Elle permet de passer rapidement d'une pente exprimée en degrés à la même pente exprimée par le rapport de deux longueurs, et réciproquement.

1ᵉʳ Exemple. — L'oblique AO fait avec l'horizontale un angle de 6°. Quel est le rapport qui exprime la pente de cette droite (fig. 19)?

Pour l'angle de pente de 6°, la table donne une hauteur verticale de 105 mm pour 1 m de base.

La pente de la droite est donc exprimée par le rapport

$$\frac{0,105}{1} = \frac{105}{1.000}.$$

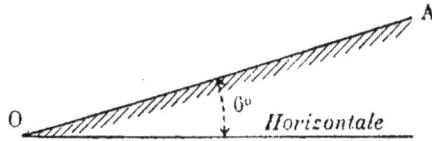

Fig. 19.

L'oblique AO, dont l'angle de pente est de 6°, est donc inclinée à 105 pour 1.000.

2ᵉ EXEMPLE. — Soit l'oblique BO; on a mesuré la perpendiculaire MP = 5 m et la distance horizontale OP = 71 m. Quel est l'angle de pente de l'oblique (fig. 20)?

$$\text{La pente} = \frac{MP}{OP} = \frac{5}{71} = 0,070.$$

En cherchant dans la table l'angle qui correspond à 0,070, on trouve 4°; donc l'angle de pente de l'oblique BO est de 4°.

Dans le cas où le nombre trouvé ne se trouverait pas dans la table, on calculerait comme il suit.

Fig. 20.

Par exemple la pente d'un oblique est exprimée par le rapport $\frac{12}{21}$; quel est l'angle de pente correspondant?

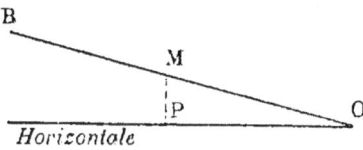

$$\text{Pente} = \frac{12}{21} = 0,571.$$

Dans la table, 0,571 est compris entre 0,554 et 0,578 correspondant respectivement à 29° et 30°. L'angle cherché est compris entre 29° et 30°.

$$\text{Différence : } 0{,}578 - 0{,}554 = 0{,}024$$
$$- \qquad 0{,}571 - 0{,}554 = 0{,}017$$

On calculerait comme il suit :

Une différence de 24 correspond à 1° ou 60'.

$$- \qquad 1 \qquad - \qquad \frac{60}{24}.$$

$$- \qquad 17 \qquad - \qquad \frac{60 \times 17}{24} = 42'.$$

L'angle de pente de l'oblique sera : 29° 42'.

## MESURE SUR LE TERRAIN DE LA PENTE D'UNE DROITE

21. *Deux méthodes.* — Si l'on a compris les définitions qui viennent d'être développées, on doit déjà se rendre compte que pour mesurer sur le terrain la pente d'une droite, on a le choix

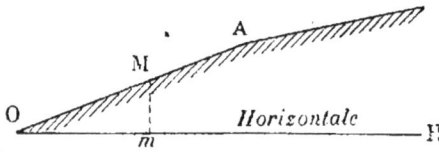

Fig. 21.

entre deux procédés :

1° Mesurer l'angle de pente de la droite, c'est-à-dire l'angle AOH que la droite fait avec l'horizontale (fig. 21);

2° Ou bien mesurer, pour un point pris à volonté sur la droite, le point M par exemple, la hauteur M$m$, distance verticale, et la base O$m$, distance horizontale ; la pente égalera le rapport : $\dfrac{\mathrm{M}m}{\mathrm{O}m}.$

Les deux procédés conduiront au même résultat exprimé sous une forme différente ; la table de pente permettra de passer de l'une à l'autre.

22. *Mesurer sur le terrain l'angle de pente d'une oblique.* — Les instruments qui permettront d'effectuer

cette opération sont nombreux ; mais en topographie de
campagne on emploiera le *niveau à perpendicule,* instrument robuste et pratique, facile à construire sur place.

Il se compose d'un morceau de carton épais ou mieux
d'une planchette sur laquelle on a tracé une demi-circonférence sur un diamètre rigoureusement parallèle au bord
supérieur de la planchette. La demi-circonférence est graduée en degrés comme l'indique la figure 22 ; un fil à plomb
est fixé en O.

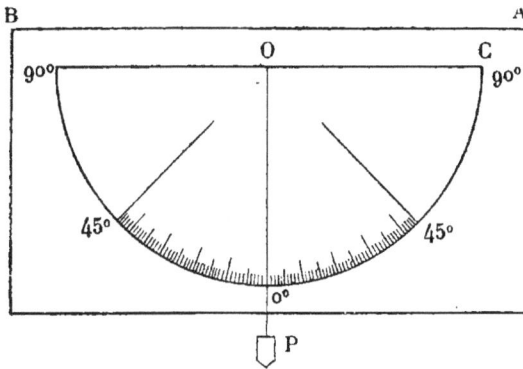

Fig. 22.

L'angle POC est droit ; dans ces conditions le bord supérieur de la planchette BA, ou ligne de visée, est horizontal
quand la verticale donnée par le fil à plomb passe par la
graduation 0°.

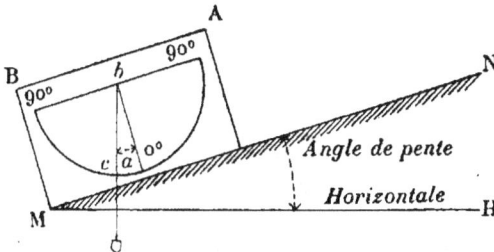

Fig. 23.

Il s'agit de lever avec cet instrument l'angle de pente de l'oblique MN du terrain (fig. 23).

La figure fait facilement comprendre le mécanisme de l'opération ; si le bord supérieur BA de la planchette est placé parallèlement au terrain, l'angle HMN est égal à l'angle *abc* et par suite la graduation sur laquelle affleure le fil à plomb donne en degrés l'angle de pente de l'oblique MN.

Il en est de même pour l'oblique PR (fig. 24).

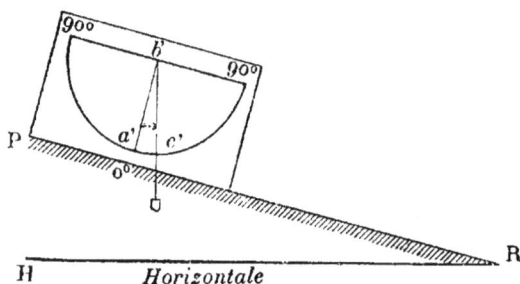

Fig. 24.

L'angle cherché PRH est égal à l'angle *a'b'c'*.

En pratique on opère de la façon suivante :

L'officier placé en O vise avec le bord supérieur de la planchette, ou ligne de visée, les yeux d'un aide sensiblement de même taille que lui et placé en P. La verticale donnée par le fil à plomb affleure une division, 22 par exemple ; l'oblique OP est inclinée à 22°. La table de pente (19) donne pour 22° : 0,404. La pente de l'oblique est de $\dfrac{404}{1.000}$.

La vérification consiste à faire l'opération en sens inverse, c'est-à-dire à viser le point O en se plaçant au point P.

On donne généralement à la ligne de visée de 14 à 20 cm ; dans ces conditions l'instrument n'est pas encombrant et donne une approximation très largement suffisante ;

on a soin de coller sur le revers de la planchette une feuille
de papier sur laquelle on a copié la table de pente.

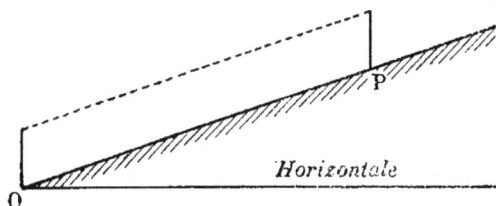

Fig. 25.

Si l'opérateur est seul et ne dispose d'aucun aide, il
devra se coucher sur le sol et en s'appuyant sur ses coudes
placer la ligne de visée parallèlement au terrain dont il
veut relever la pente.

23. **Lever sur le terrain la pente d'une droite par la
mesure de deux longueurs, l'une horizontale, l'autre
verticale.** — Soit la droite AB dont il faut mesurer la pente
(fig. 26). Si d'un point quelconque M, j'abaisse la perpendiculaire M$m$, la pente de la droite AB sera exprimée par
le rapport $\dfrac{Mm}{Am}$.

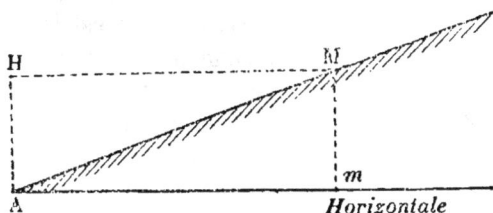

Fig. 26.

Élevons la perpendiculaire AH et menons l'horizontale
HM. Nous avons :

$$AH = Mm \qquad Am = HM.$$

Par suite le rapport $\dfrac{AH}{HM}$ exprimera la pente.

Il faudrait donc pouvoir facilement mener sur le terrain l'horizontale HM et mesurer ensuite, au décamètre ou au cordeau, les longueurs AH et HM.

Les instruments qui permettent de mener une horizontale dans l'espace, ou, ce qui revient au même, de diriger dans l'espace sur un point donné un rayon visuel horizontal, s'appellent *niveaux*. Ils sont de différents modèles, de grande précision, mais d'un maniement long et délicat. Ils ne peuvent convenir pour des levés de campagne et il faut les remplacer par des niveaux de fortune, instruments robustes et faciles à construire sur place, mais donnant cependant une approximation suffisante pour permettre d'établir des croquis réellement utiles au commandement.

**24. *Construction de niveaux de campagne*.** — Pour un homme de conformation ordinaire, la hauteur de l'œil au-dessus du sol est sensiblement égale à la longueur du double pas, quand l'homme tient la tête droite et regarde droit devant lui. Cette remarque va nous permettre d'établir deux niveaux de campagne, que dans chaque régiment les sapeurs de la C. H. R. peuvent construire en quelques minutes.

Le premier est le niveau de maçon que tout le monde connaît.

Pour le construire, prendre deux morceaux de volige de 5 à 6 cm de largeur, de 1 cm environ d'épaisseur et de 25 à 3o cm de longueur (fig. 27); clouer les deux voliges à angle droit et placer une entretoise

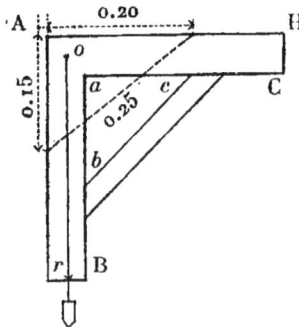

Fig. 27.

BC de telle sorte que les deux longueurs *ab* et *ac* soient rigoureusement **égales**.

Fixer un fil à plomb en *o* et marquer le repère *r*. Quand le fil à plomb affleure le repère la visée faite par le bord supérieur de la volige AH donne l'horizontale.

Pour vérifier si l'instrument est bien construit, s'assurer de la position du repère *r ;* ensuite porter sur AH et marquer par une encoche une longueur égale à 20 cm ; sur AB une longueur égale à 15 cm. La longueur entre les deux encoches doit être égale à 25 cm. Si ces conditions bien simples à réaliser sont remplies, l'angle BAH est rigoureusement droit et quand le fil à plomb affleure le repère, AH donne l'horizontale.

L'autre niveau (fig. 28) sera construit de la façon suivante : un anneau quelconque O, une réglette RR', deux fils *f* et *f'* supportant la réglette, un plomb P, deux fils *l* et *l'* supportant le plomb.

Les fils *f* et *f'*, *l* et *l'* doivent être rigoureusement égaux ; le plomb assez lourd pour assurer la rigidité de l'appareil. Quand le système est immobile, la visée AH passant par la réglette est horizontale.

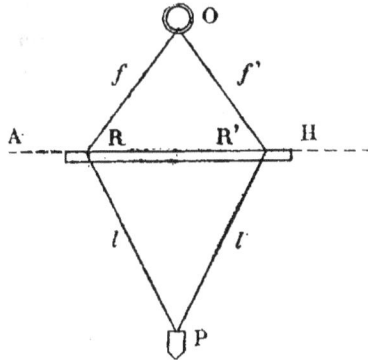

Fig. 28.

25. *Emploi des deux appareils sur le terrain.* — Soit à mesurer sur le terrain la pente de l'oblique AB avec l'un ou l'autre de ces deux niveaux (fig. 29).

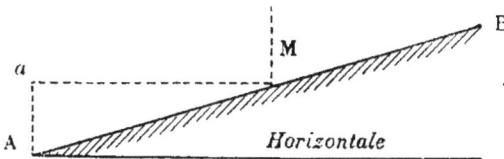

Fig. 29.

L'opérateur se place en A : il tient la tête droite et vise par le bord supérieur du niveau à équerre ou par la réglette un point du terrain, ou mieux il fait avancer un aide sur l'oblique AB et l'arrête quand la ligne horizontale de visée passe par les pieds de l'aide.

L'opérateur compte le nombre de doubles pas en **AM**, soit $n$ le nombre de doubles pas. *La pente de l'oblique est égale à* $\frac{1}{n}$.

EXEMPLE. — L'opérateur placé en A arrête l'aide en **M**, quand le rayon visuel horizontal passe par les pieds de l'aide. Il compte entre A et M 13 doubles pas. La pente de la droite est égale à $\frac{1}{13}$, et en faisant la division, $\frac{1}{13} = 0,066$ ; et par suite la pente de la droite égale $\frac{66}{1.000}$ ou 66 pour 1.000.

Ce procédé permet d'éviter la mesure directe de l'horizontale $a$M ; il permet d'opérer très rapidement *avec une exactitude remarquable quand est remplie la condition de l'égalité de la hauteur de l'œil au-dessus du sol et de la longueur du double pas.*

## 26. *Degré d'approximation obtenu par la formule* $\frac{1}{n}$.

— A titre de renseignement, je vais calculer l'approximation obtenue par la formule $\frac{1}{n}$.

Soit AO l'oblique dont on veut mesurer la pente ; $d$ la longueur correspondante à un double pas égale à la hauteur au-dessus du sol de l'œil de l'observateur. De O en A l'observateur a compté $n$ doubles pas ; la longueur AO égale par suite : $nd$.

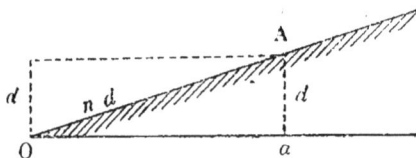

Fig. 30.

La pente de l'oblique AO est exactement égale au rapport

$$\frac{Aa}{Oa},$$

par la formule approchée elle est égale à $\frac{1}{n}$.

Comparons la valeur de ces deux expressions $\frac{1}{n}$ et $\frac{Aa}{Oa}$.

Dans le triangle rectangle $OaA$ nous avons :

$$\overline{Oa}^2 = \overline{OA}^2 - \overline{Aa}^2$$

or :

$$OA = nd \qquad Aa = d$$

d'où :

$$\overline{Oa}^2 = n^2 d^2 - d^2$$
$$\overline{Oa}^2 = d^2(n^2 - 1)$$
$$Oa = d\sqrt{(n^2 - 1)}.$$

Par suite le rapport $\frac{Aa}{Oa}$ devient égal à :

$$\frac{Aa}{Oa} = \frac{d}{d\sqrt{n^2-1}} = \frac{1}{\sqrt{n^2-1}}.$$

Nous avons donc :

Valeur exacte de la pente : $\dfrac{1}{\sqrt{n^2-1}}$.

Valeur approchée de la pente : $\dfrac{1}{n}$.

Faisons $n = 15$ doubles pas et effectuons :
Valeur exacte de la pente :

$$\frac{1}{\sqrt{n^2-1}} = \frac{1}{\sqrt{225-1}} = \frac{1}{\sqrt{224}} = 0,0668.$$

Valeur approchée $\dfrac{1}{n}$ :

$$\frac{1}{n} = \frac{1}{15} = 0,0666.$$

La différence est de 0,0002 par mètre ; elle serait négligeable même pour les levés d'une certaine précision.

**26 bis. Mesurer sur le terrain la pente d'une droite avec la règle graduée.** — La pente d'une oblique peut être mesurée au moyen d'une règle graduée en millimètres qu'il est facile de se procurer dans le commerce, ou même d'un simple double décimètre.

La règle doit être tenue bien verticalement à 50 cm de l'œil (fig. 30 *bis*) ; on y arrive en fixant à la règle un bout de ficelle ou de cordon mesurant exactement 50 cm et muni à son extrémité d'un bouton que l'on place dans la bouche.

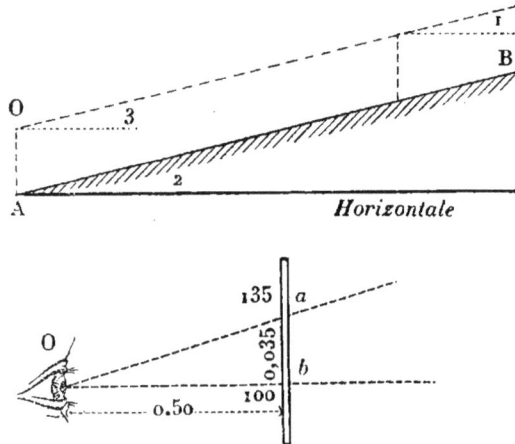

Fig. 30 *bis*.

L'officier envoie un aide en B ; il fait passer pâr la règle un rayon visuel horizontal et marque la division affleurée, soit 100 mm.

Il vise ensuite les yeux de l'aide et marque la division affleurée, soit 135 mm. Les angles 1, 2 et 3 sont égaux.

Dans le triangle $Oba$, le rapport $\dfrac{ab}{bO}$ mesure la pente de l'oblique ;

Nous avons :

$$\frac{ab}{bO} = \frac{0,135 - 0,100}{0,50} = \frac{0,035}{0,50} = \text{pente}.$$

En multipliant par 2 nous obtenons :

$$\text{Pente} = \frac{0,070}{1} = 0,07.$$

La pente de l'oblique est de 7 pour 100.

Si le point B est inaccessible, ou si l'on ne dispose d'aucun aide, l'officier se couchera en A et, en s'appuyant sur les coudes, mènera sa ligne de visée parallèlement au terrain.

27. — *Mesurer sur le terrain la pente d'une droite.*
*Résumé.* — Pour mesurer une pente sur le terrain, l'officier a donc le choix entre trois procédés :

1° *Avec le niveau à perpendicule* (22). — La lecture sur l'instrument donne 18° par

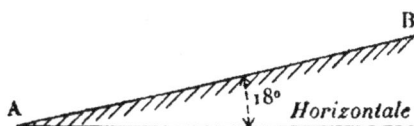

Fig. 31.

exemple ; la table de pente donne, pour 18°, 325 mm de hauteur pour 1 m de base.

La pente de AB est égale à 0,325 ou $\dfrac{325}{1.000}$.

2° *Avec le niveau à équerre ou la réglette* (25).

Formule $\dfrac{1}{n}$.

15 doubles pas de A en C :

$$\text{Pente} = \frac{1}{n} = \frac{1}{15} = 0,066.$$

*3° Avec la règle graduée ou le double décimètre.* —

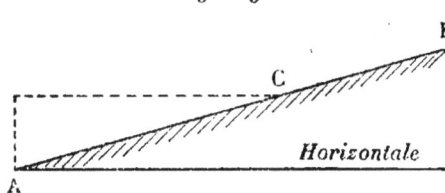

Fig. 32.

Prendre la différence entre les graduations marquées sur la réglette par la visée horizontale et la visée parallèle au terrain et multiplier par 2. Le nombre obtenu donne la pente de l'oblique exprimée en millimètres.

$$126 - 92 = 34 ;$$
$$34 \times 2 = 68.$$

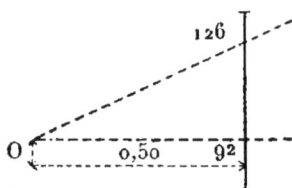

La pente de l'oblique égale 68 mm par mètre.

*Exercices sur le terrain.*

1° Mesurer par les deux procédés la pente d'une route présentant des déclivités moyennes ;

2° Mesurer la pente d'un terrain fortement incliné ; cheisir le procédé le plus commode et le plus rapide ;

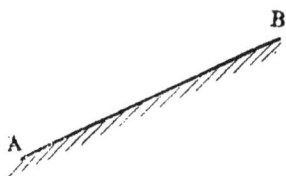

Fig. 32 bis.

3° Estimer à vue la pente d'un terrain ; vérifier à l'aide d'un des instruments étudiés.

**28. Altitude. Cote. Cote initiale. Cotes rondes.** — L'altitude d'un point est la hauteur de ce point au-dessus du plan de comparaison ; la cote du point est le nombre exprimé en mètres qui mesure cette hauteur (fig. 33).

Soit R le plan de comparaison. P est un point du terrain, *p* sa projection sur le plan. La hauteur du point P au-dessus du plan de comparaison est mesurée par la perpendiculaire

P$p$ égale par exemple à 56 m. La cote du point P est 56 ; on l'inscrit généralement entre parenthèses.

Ainsi (28) et (102) sont les cotes de points situés respectivement à 28 et 102 m au-dessus du plan de comparaison.

Pour la carte d'état-major au $\frac{1}{80.000}$, le plan de comparaison est le niveau moyen de la mer coté O. Sur la carte le sommet de la butte du Mesnil-lès-Hurlus est coté (196). Cela signifie que le point culminant de la butte est à 196 m au-dessus du niveau de la mer.

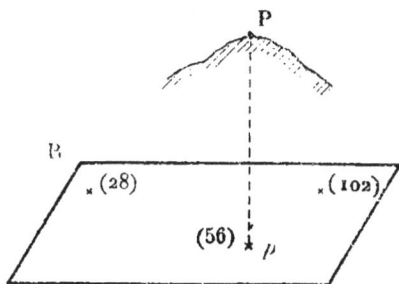

Fig. 33.

Quand il s'agit de lever sur le terrain une surface de peu d'étendue pour faire par exemple le croquis d'une position, deux cas peuvent se présenter pour coter le point de départ, c'est-à-dire le point où commencent les opérations sur le terrain. Si on dispose d'une carte permettant de calculer la cote de ce point, on l'inscrit comme cote du point de départ ; si on ne dispose pas de carte, on cote ce point de façon arbitraire. La cote ainsi donnée au point de départ est la *cote initiale* du croquis.

Les cotes d'un croquis sont généralement exprimées en nombres entiers sans partie décimale : (28), (39), (103) ; on les désigne alors sous le nom de *cotes rondes*.

29. **Relief, commandement**. — Il ne faut pas confondre les expressions altitude et relief. Soient deux points du terrain dont les cotes sont respectivement (60) et (105).

Le relief du point M sur le point P est de 105 m — 60 m = 45 m. On dit aussi que le point M commande le point P de 45 m.

Pour deux points considérés, le relief ou commandement

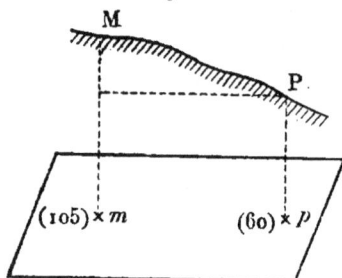

est donc égal à la différence des cotes.

En topographie militaire, l'altitude n'a qu'une importance relative ; le relief ou commandement est le point essentiel.

Fig. 34.

3o. **Nivellement**. — Exécuter sur le terrain les opérations nécessaires pour déterminer la cote de différents points par rapport à la cote du point de départ, ou cote initiale, s'appelle *niveler ou faire le nivellement.*

3ı. **Faire le nivellement entre deux points. Calculer la cote d'un point donné.** — Soit la droite du terrain AB ; A est le point de départ ; sa cote, ou cote initiale, égale 20 m. Trouver la cote du point B.

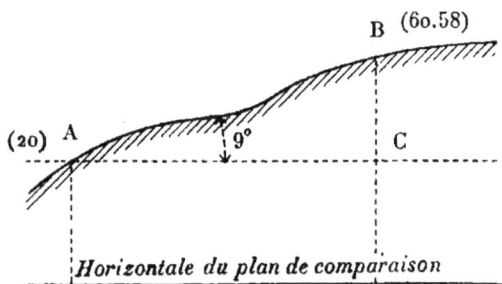

Fig. 35.

Il faut calculer la hauteur BC au-dessus de l'horizontale passant par le point A (fig. 35).

*Opérations à effectuer sur le terrain.*

ı° L'officier se place en A et mesure la pente du terrain par l'une des trois méthodes étudiées (27).

Il trouve que la pente est égale à 158 mm correspondant à un angle de 9°. Il inscrit le résultat sur son carnet.

2° L'officier se transporte de A en B en comptant le nombre de doubles pas : il trouve 156 doubles pas ; il inscrit ce résultat sur son carnet.

Calculs à effectuer :

*a*) Réduire en mètres le nombre de doubles pas trouvés :

60 doubles pas valent 100 m.

1 double pas vaut $\dfrac{100}{60}$.

156 doubles pas valent $\dfrac{100 \times 156}{60}$,

soit : 260 m.

*b*) Réduire cette longueur à l'horizon. Prendre la table de réduction (8). En face de 9°, on lit 0,988.

1 m réduit à l'horizon devient $0^m 988$ ;

260 m réduits à l'horizon deviendront :

$$260 \times 0,988 = 256^m 88.$$

*c*) Calculer la cote. La pente = 0,158 ;

Pour 1 m de base la cote s'élève de 158 mm ;

Pour $256^m 88$ de base la cote s'élève de $256,88 \times 0,158 = 40^m 58$.

La cote initiale étant égale à 20 mètres, la cote du point B sera égale à 20 + BC ou :

$$20 + 40,58 = 60^m 58.$$

### Simplifications.

Je viens d'indiquer la solution théorique, mais en pratique il convient d'y apporter quelques simplifications.

Les cotes seront en nombres entiers (cotes rondes, 28) ;

on forcera d'une unité si la partie décimale supprimée est supérieure à 5o cm. La réduction à l'horizon n'est utile que lorsque la pente est très forte ou que la distance mesurée est considérable, que l'échelle du croquis est très grande, circonstances qui se présentent rarement réunies dans un travail de campagne et qu'un peu d'habitude permettra d'ailleurs de reconnaître facilement.

Dans ces conditions reprenons l'exemple précédent :

Éléments pris sur le terrain :

1° Pente = o,158. Angle de pente correspondant : 9°.

2° 156 doubles pas.

Calculs à effectuer :

Réduction des doubles pas en mètres : $\dfrac{100 \times 156}{60}$ = 260 m.

Calcul de la cote : $\dfrac{100 \times 156}{60} \times 0,158 = 41,08$.

Cote du point B : 20 + 41,08 = 61,08 ; et en arrondissant 61 mètres.

On a trouvé par le calcul exact 60$^m$58 ; les résultats sont sensiblement concordants et par suite, dans la grande majorité des cas, on emploiera le calcul simplifié en supprimant la réduction à l'horizon et en arrondissant les cotes de nivellement.

32. *Résumé.* — En résumé, nous savons faire sur le terrain les opérations suivantes :

1° Mesurer la longueur d'une droite (10) ;

2° Déterminer sa direction (15) ;

3° Mesurer sa pente (21 à 27) ;

4° Coter ses extrémités (31).

Nous allons faire de ces connaissances une application immédiate très importante en topographie de campagne.

## Profils du terrain.

**33. Définitions.** — Il arrive souvent qu'il soit nécessaire de rendre tangible la forme du terrain suivant une direction donnée, importante au point de vue militaire ; le meilleur moyen est de construire *le profil ou la coupe du terrain*, suivant cette direction.

Pour cela on suppose le terrain coupé par un plan vertical passant par la direction donnée, c'est-à-dire par un plan P mené par la ligne droite ABCDE perpendiculairement au plan horizontal H ou plan de comparaison (fig. 36).

Le profil du terrain est la ligne ABCDE, qui est l'intersection du plan vertical avec le terrain même.

Ce profil est en somme formé par les droites AB, BC, CD, DE ; les points B, C, D et E sont appelés *points de changement de pente*.

Si par un moyen quelconque on parvient à reproduire sur une feuille de papier, à une échelle donnée, la section ABCDE, le dessin ainsi obtenu sera la reproduction fidèle, l'image exacte du terrain tel qu'il est réellement dans la nature, mais réduit dans la proportion indiquée par l'échelle adoptée. Lever un profil consiste donc à lever successivement sur le terrain (fig. 36) les droites AB, BC, CD, DE, qui limitent le profil.

Nous savons déjà effectuer cette opération (32) pour chacune de ces droites prises isolément ; mais il nous faut apprendre maintenant :

1º A tenir sur le terrain le carnet de levé, c'est-à-dire à inscrire avec ordre et méthode tous les éléments mesurés sur le terrain ;

2º A reporter le travail, c'est-à-dire à dessiner correctement le profil au moyen des données inscrites au carnet.

34. *Levé du profil avec le niveau à perpendicule. Tenue du carnet de levé. Report du travail fait sur le terrain.* — Suivons l'officier sur le terrain ; il se place en

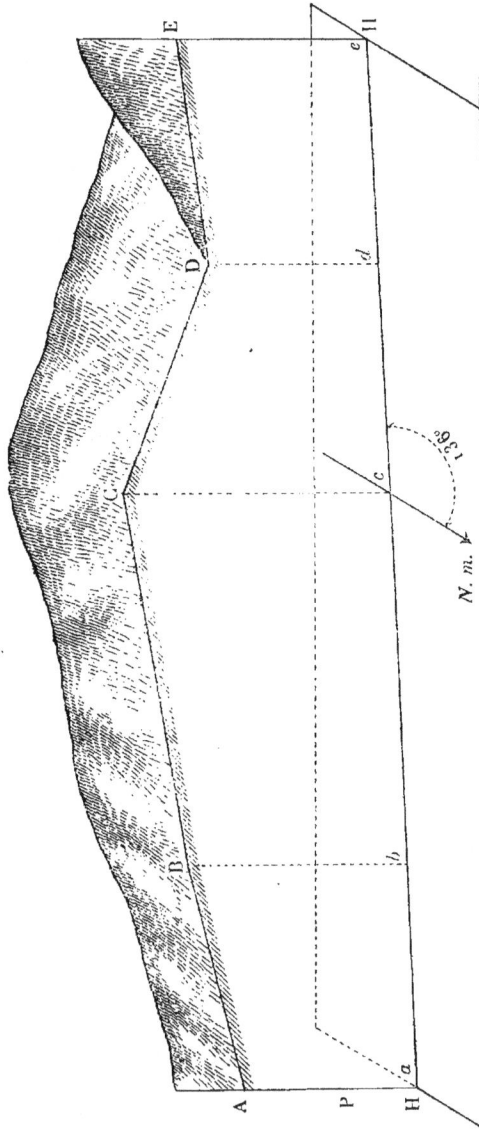

*Perspective du terrain sur lequel le profil est exécuté.*

Fig. 36.

*Disposition des calculs.*

| STATIONS | LONGUEURS en doubles pas | en mètres | à l'échelle | PENTES | HAUTEUR POUR 1 M | COTES | COTES | COTES ARRONDIES |
|---|---|---|---|---|---|---|---|---|
| 1 | 2 | 3 | 4 | 5 | 6 | 7 | 8 | 9 |
| A | 62 | 103 | 51mm5 | + 18° | 0,325 | 80 / 33.48 | 113.48 | 80 |
| B | 76 | 127 | 63 | + 10° | 0,176 | 113.48 / 22.35 | 135.83 | 113 |
| C | 46 | 77 | 38 | — 20° | 0,365 | 135.83 / 28.11 | 107.72 | 136 |
| D | 50 | 83 | 41 | + 12° | 0,212 | 107.72 / 17.60 | 125.32 | 108 |
| E | | | | | | 125.32 | | 125 |

*Carnet de levé tenu sur le terrain.*

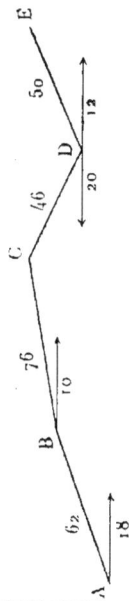

20 *mai* 1917

Azimut AE = 136°

Cote initiale A = 80 m.

Fig. 37.

A, origine du profil qu'il veut lever; il prend l'azimut de la direction suivant laquelle le profil sera établi, soit 136° et il se fixe la cote du point A, cote initiale, soit 80 m ; il fait les inscriptions au carnet (fig. 37).

Il prend avec le perpendicule la pente de AB, soit 18° ; inscription au carnet.

Il se met en marche de A en B en comptant les doubles pas, soit 62 doubles pas ; inscription au carnet.

En B, l'officier vérifie la pente inscrite au carnet pour AB (22) ; puis il prend la pente BC, soit 10° ; inscription au carnet.

Il se porte de B en C en comptant les doubles pas, soit 76 ; inscription au carnet.

En C, il vérifie la pente BC déjà inscrite ; il prend la pente CD ; inscription au carnet.

Il continue ainsi pour chacun des points de changement de pente ; arrivé en E, l'officier a terminé son travail sur le terrain ; il date son carnet.

En examinant le modèle de carnet donné (fig. 37) on se rendra facilement compte du mécanisme des inscriptions. Ce système de notation, qui a l'avantage de parler aux yeux, est très clair et de plus il oblige l'opérateur à ne rien oublier sur le terrain. Il sera prudent de s'y conformer scrupuleusement.

Il reste maintenant à reporter le travail fait sur le terrain.

La première chose à faire est de fixer l'échelle à laquelle le report doit être établi, soit $\dfrac{1}{2.000}$ et ensuite de disposer les calculs de façon méthodique suivant la méthode indiquée à la figure 37.

Les points de changement de pente sont portés dans la colonne 1.

Ensuite toutes les longueurs portées au carnet en doubles pas doivent être réduites en mètres, et ensuite en millimètres suivant l'échelle adoptée : ce travail est fait dans les colonnes 2, 3 et 4.

On inscrit ensuite dans la colonne 5 les pentes en ayant soin de donner le signe + à celles qui correspondent à une montée, le signe — à celles qui correspondent à une descente.

On porte dans la colonne 6, en regard de chaque pente, la hauteur pour 1 mètre donnée par la table de pente (19); on multiplie cette hauteur par la longueur correspondante exprimée en mètres (col. 3) et le produit, inscrit dans la colonne 7, donne le nombre qu'il faut ajouter à la cote précédente, ou retrancher de la même cote, pour obtenir la cote du point considéré.

Ainsi pour le point B on a :

103 (col. 3) $\times$ 0,325 (col. 6) = 33$^m$48 (col. 7).
Cote du point B = 80 + 33,48 = 113,48 (col. 8),
et en arrondissant : 113 (col. 9).

Pour le point D, nous aurons :

77 $\times$ 0,365 = 28$^m$11.
Cote du point D = cote du point C — 28$^m$11.
—        —     = 135,83 — 28,11 = 107$^m$72,
et en arrondissant : 108 m.

Toutes les colonnes du tableau étant remplies, les calculs sont terminés : il ne reste plus qu'à effectuer le report au $\frac{1}{2.000}$, échelle choisie.

Sur une droite horizontale marquons le point A (origine du travail) (fig. 38).

Au point A faire un angle de 18° (col. 5); on a la direction de B; porter sur cette direction à partir de A, 51$^{mm}$5 (col. 4), on a le point B; inscrire sa cote prise dans la colonne 9.

En B, faire un angle de 10° (col. 5); porter sur la direction 63$^{mm}$5 (col. 4); on a le point C. Inscrire sa cote :

136 (col. 9), et ainsi de suite jusqu'en E. Passer à l'encre si possible, effacer les lignes de construction ; inscrire les indications obligatoires : — orientation ; dans ce cas, l'azimut de la base du profil ; — l'échelle ; indication des instruments qui ont servi au levé : levé au pas et au niveau à perpendicule.

La date et la signature.

Le profil est ainsi établi correctement, dans des conditions qui permettront au commandement de l'utiliser.

Après une ou deux expériences pratiques, le débutant s'apercevra que les opérations sur le terrain sont d'une extrême facilité et peuvent s'exécuter très rapidement ; qu'un carnet de levé bien tenu permet de faire, sur le terrain même, les quelques calculs nécessaires ; que si les calculs sont clairement disposés, le travail de report ne demande que quelques minutes. Mais pour arriver à ce résultat il devra s'astreindre à suivre exactement la marche que je viens d'indiquer en détail et ne pas oublier que les premières qualités du topographe en campagne sont l'ordre et la méthode.

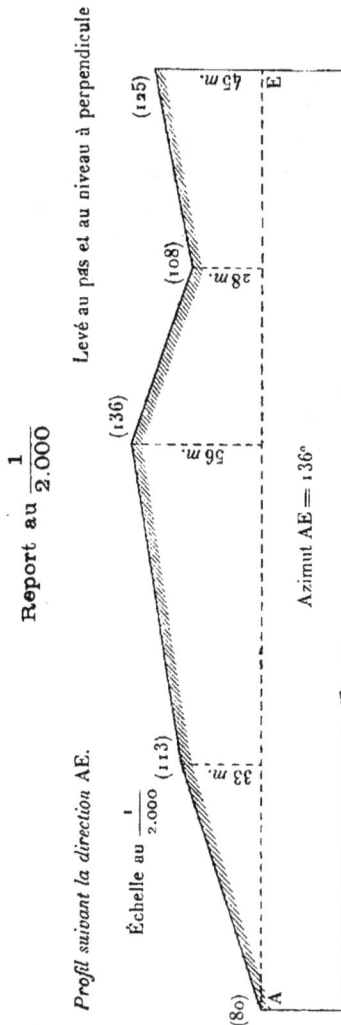

Fig. 38.

Report au $\frac{1}{2.000}$

Levé au pas et au niveau à perpendicule

Profil suivant la direction AE.

Échelle au $\frac{1}{2.000}$

Azimut AE = 136°

(125) 45 m.

(108) 28 m.

(136) 56 m.

(113) 33 m.

(80) A

35. **Remarque importante**. — Pour effectuer le report, nous avons construit avec le rapporteur successivement aux points A, B, C,... des angles égaux aux angles de pente: 18°, 10°, 20°,... (fig.

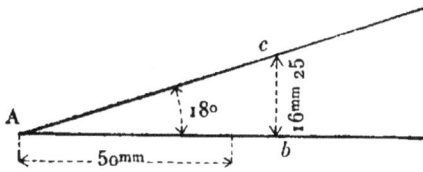

Fig. 39.

38). On peut arriver à construire ces angles sans le secours du rapporteur.

Nous devons faire au point A pris sur une horizontale un angle de 18° (fig. 39).

Pour l'angle de 18°, à 1 m de base correspond 325 mm de hauteur; il ne serait pas facile de porter ces longueurs sur le croquis établi au $\dfrac{1}{2.000}$; mais multiplions-les par 100, par exemple. Pour 100 m de base, nous aurons $32^m 5o$ de hauteur. Réduisons à l'échelle du $\dfrac{1}{2.000}$.

100 m font 50 mm; $32^m 5o$ font $16^{mm} 25$.

Sur l'horizontale A, portons une base de 50 mm, une hauteur de $16^{mm} 25$; joignons à A. L'angle $cAb$ sera bien égal à 18°.

Ce procédé est rapide et plus exact que le tracé au rapporteur; on l'appelle *procédé des coordonnées*.

36. **Levé du profil avec le niveau à équerre ou la réglette. Tenue du carnet. Report.** — Soit à lever avec le niveau de maçon ou la réglette la pente de l'oblique AB (fig. 40).

Nous avons vu (25) que l'opéra-

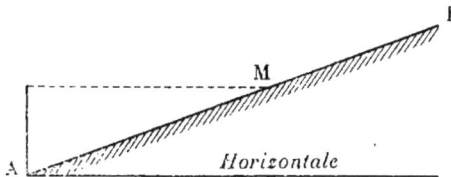

Fig. 40.

teur placé en A arrête l'aide qu'il a envoyé en avant quand

*Disposition des calculs pour le report au $\frac{1}{5.000}$.*

| STATIONS | LONGUEURS en doubles pas | LONGUEURS en mètres | LONGUEURS à l'échelle | PENTES | HAUTEUR POUR 1 M | COTES | COTES | COTES ARRONDIES |
|---|---|---|---|---|---|---|---|---|
| 1 | 2 | 3 | 4 | 5 | 6 | 7 | 8 | 9 |
| A | 100 | 167 | 33mm | + $\frac{1}{14}$ | 0,071 | 100   11.86 | | 100 |
| B | 122 | 203 | 41 | + $\frac{1}{20}$ | 0,050 | 111.86   10.15 | 111.86 | 112 |
| C | 81 | 135 | 37 | — $\frac{1}{9}$ | 0,111 | 122.01   14.99 | 122.01 | 122 |
| D | | | | | | 107.02 | 107.02 | 107 |

*Carnet de levé tenu sur le terrain.*

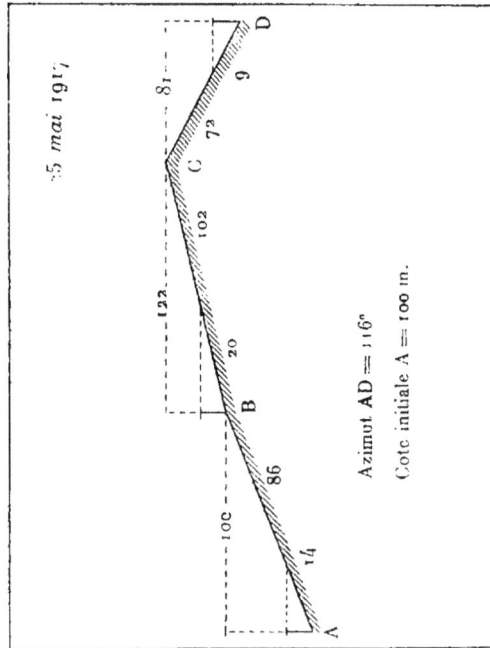

5 mai 191...

Azimut AD = 116°

Cote initiale A = 100 m.

Fig. 41.

le rayon visuel horizontal passe par les pieds de l'aide, en M. Il compte les doubles pas de A en M, soit $n$ le nombre de doubles pas comptés. La pente de AB est égale à $\frac{1}{n}$.

L'opérateur doit tenir compte de cette façon d'évaluer la pente dans les inscriptions faites au carnet ; il y arrivera de la façon suivante (fig. 41) :

L'opérateur est en A ; l'aide étant placé, il compte le nombre de doubles pas entre le point de départ A et les pieds de l'aide, soit 14 doubles pas qu'il inscrit au carnet ; il se remet en marche et compte les doubles pas des pieds de l'aide au point B, soit 86 pas qu'il porte au carnet. Il additionne les deux nombres trouvés $86 + 14 = 100$ et il porte ce total au-dessus de la droite AB. Ce mode d'inscription indique d'une façon très claire que la droite AB du terrain va en montant, que sa longueur est de 100 doubles pas et que sa pente est égale à $\frac{1}{14}$.

Les calculs sont disposés comme pour le levé au perpendicule ; la seule différence (col. 5) est que la pente n'est plus exprimée en degrés, mais par le rapport $\frac{1}{n}$.

Le report s'effectue sans aucune difficulté par le procédé déjà indiqué (34) ; mais comme la pente n'est plus exprimée en degrés on construira les angles par le procédé des coordonnées (35).

### 37. Résolution de quelques problèmes de nivellement.

— Soit un profil ABD rapporté au $\frac{1}{2.000}$ (fig. 41 bis).

Cote A = 80 m.
Cote B = 132 m.

Trouver sur le terrain entre la maison et l'arbre le point coté 98.

Supposons le point bien placé en M; il faut calculer la longueur A*m* que nous ne connaissons pas.

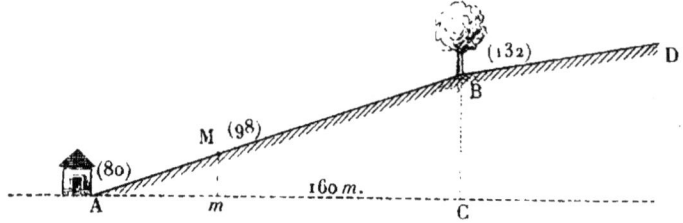

Fig. 41 *bis*.

$$\text{Pente de AB} = \frac{BC}{CA} = \frac{132 - 80}{160} = \frac{52}{160}$$

$$\text{pente de AB} = \frac{Mm}{Am} = \frac{98 - 80}{Am} = \frac{18}{Am}.$$

$$\text{Nous pouvons écrire}: \frac{52}{160} = \frac{18}{Am}$$

$$Am = \frac{160 \times 18}{52} = 55 \text{ m}.$$

Il suffit donc de porter à l'échelle, à partir du point A, sur l'horizontale AC une longueur de 55 m, soit $27^{mm}5$; par le point *m* ainsi obtenu d'élever une perpendiculaire qui coupe la droite AB au point cherché M.

38. — Soit une oblique AB, dont les extrémités sont cotées 110 et 118. Trouver les cotes rondes (28) de 1 m en 1 m (fig. 42).

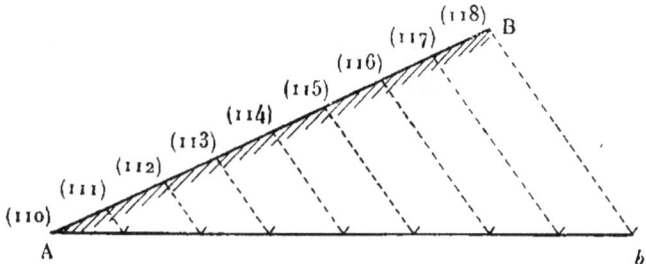

Fig. 42.

Il faut trouver les cotes 111, 112, 113, etc. Le problème consiste donc à diviser AB en huit parties égales.

Portons sur l'horizontale huit longueurs faciles à marquer : 1 cm par exemple. Joignons le point *b* ainsi obtenu au point B et par les points de division menons des parallèles à B*b*; les points d'intersection de ces parallèles avec l'oblique BA donneront les cotes rondes.

On pourrait par le même procédé trouver les points de passage des cotes rondes de 5 m en 5 m, de 10 m en 10 m, etc.

39. — On peut résoudre le même problème par le procédé suivant :

Soit AB une oblique dont les extrémités sont cotées 105 et 152 ; trouver les cotes rondes de 5 m en 5 m, le croquis étant établi à l'échelle du $\frac{1}{1.000}$.

A cette échelle 5 m sont représentés par 5 mm.

Traçons une perpendiculaire et portons à partir de l'horizontale des longueurs égales à 5 mm ; par les points de division menons des horizontales, les points d'intersection avec l'oblique AB détermineront les cotes rondes de 5 m en 5 m.

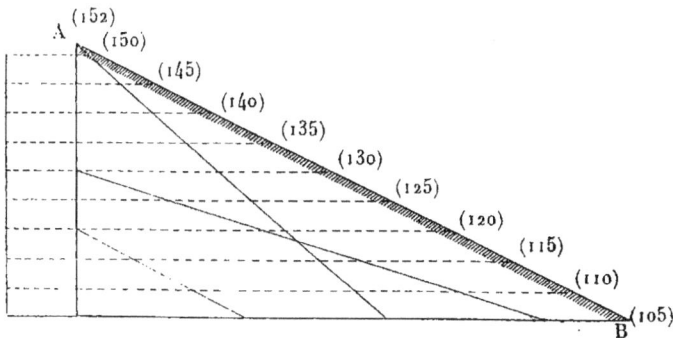

Fig. 43.

La même construction s'appliquerait à toute autre droite inclinée sur l'horizontale.

Le travail serait grandement facilité en employant pour dessiner *du papier quadrillé au millimètre;* chaque officier doit avoir dans son bagage topographique deux ou trois feuilles de papier quadrillé qu'il est facile de se procurer dans le commerce.

Les constructions y sont faites au crayon et, le travail terminé, un coup de gomme remet le papier en état de servir à de nouvelles opérations.

Il importe au premier chef de s'exercer à résoudre soit par le calcul, mais surtout graphiquement, tous les problèmes relatifs aux cotes de nivellement; ces exercices trouveront leur application immédiate quand nous serons amenés à faire rapidement des profils sur le terrain ou bien sur des cartes à grande échelle, plans au $\frac{1}{5.000}$ par exemple, distribués aux chefs de section.

*Exercices pratiques sur le terrain.*

1° Lever le profil d'un terrain suivant une direction donnée;

2° Deux points du terrain étant donnés, calculer leur différence de niveau;

3° Lever un profil du terrain et coter tous les points de changement de pente.

# CHAPITRE III

## ANGLE DE DEUX DROITES OU DE DEUX DIRECTIONS

40. ***Lever à la boussole l'angle de deux droites ou de deux directions***. — Soient un clocher C et un arbre remarquable A servant de point de repère aux Boches. Mesurer d'un point O du terrain l'angle formé par les directions OC et OA (fig. 44).

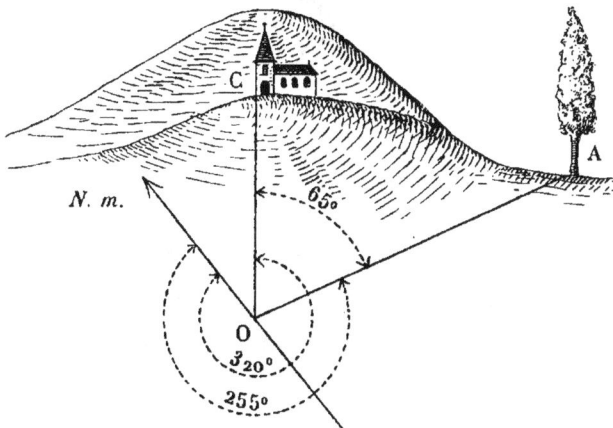

Fig. 44.

De O prendre l'azimut de C; il est égal à 320°; puis l'azimut de A; il est égal à 255°.

$$\begin{aligned} \text{Azimut C} &= 320° \\ \text{Azimut A} &= 255° \\ \hline \text{Angle des deux directions} &: 65° \end{aligned}$$

Autre exemple. — D'un observatoire d'infanterie O, on

voit un pont sur l'Ailette, P, non encore détruit et à la corne d'un bois une ferme F, organisée défensivement par les Bavarois. Lever l'angle des deux directions (fig. 45).

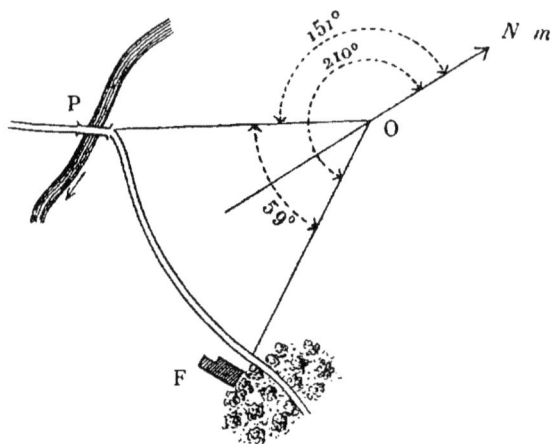

Fig. 45.

Azimut de OP = 151°
Azimut de OF = 210°
Angle des deux directions : 59°

Dans les deux cas que nous venons d'étudier, l'angle des deux directions est égal à la différence des deux azimuts. Il n'en est pas toujours ainsi.

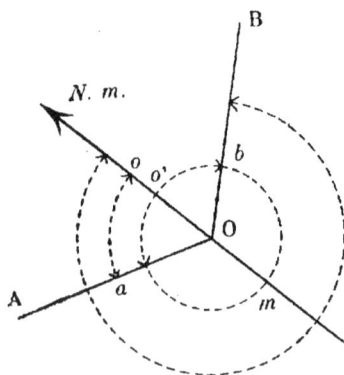

Fig. 46.

En effet, soient les droites OA et OB qui se coupent en O. L'azimut de OA est $oa$; celui de OB est $o'mb$ (fig. 46).

Il est évident que dans ce cas particulier la différence des deux azimuts $o'mb$-$oa$ ne mesure pas l'angle intérieur AOB, et que pour avoir la valeur de cet angle il faut retrancher de 360° la différence des deux azimuts.

Généralisons la question pour en déduire une règle pratique. — Soit la direction du nord magnétique ; une angle, quel qu'il soit, ne peut occuper, par rapport à la direction du nord magnétique, que l'une des quatre positions indiquées par la figure 47.

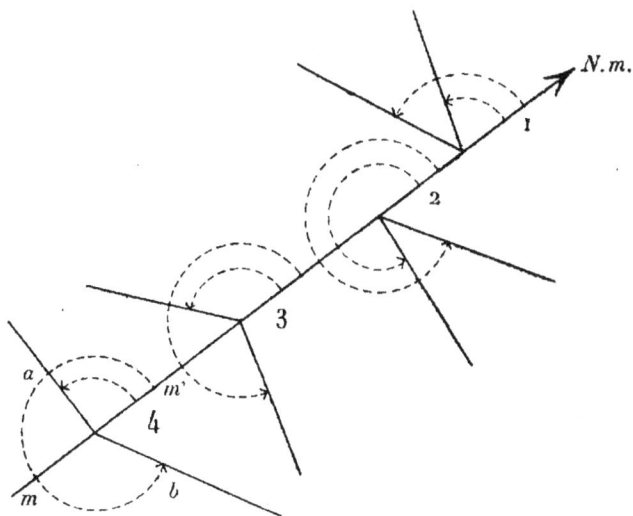

Fig. 47.

Pour les trois premières l'angle des deux droites est bien égal à la différence des azimuts ; mais pour la quatrième, l'angle des deux droites est égal à la différence des azimuts retranchée de 360°.

On voit déjà que lorsque le sommet de l'angle formé par deux droites est dirigé vers le nord, l'est ou l'ouest, l'angle des deux droites est égal à la différence des azimuts ; quand le sommet de l'angle est dirigé vers le sud l'angle des deux droites est égal à la différence des azimuts retranchée de 360°.

On remarquera de plus que pour la position 4, la différence des azimuts donne [l'angle extérieur *amb* et non l'angle intérieur *am'b*. On sera donc dans le quatrième cas lorsque la différence des deux azimuts sera supérieure à 180°; il faudra alors retrancher cette différence de 360°.

La règle pratique sera donc la suivante :

41. — L'angle de deux droites est égal à la différence de leur azimut, quand cette différence est inférieure à 180°; quand cette différence est supérieure à 180°, il faut, pour avoir l'angle des deux droites, soustraire cette différence de 360°.

42. *Angle de visibilité d'un observatoire*. — Le carnet de comptes rendus distribué aux chefs de section prescrit, en ce qui concerne les observatoires reconnus, ce qui suit :

« Indiquer par le signe Δ les observatoires reconnus; compléter cette indication par un angle avec frottis de crayon pour donner le secteur de visibilité. »

Comment le chef de section doit-il opérer sur le terrain ?

Il se placera en O, point d'observation reconnu; la vue est limitée vers l'est par un bois B et vers l'ouest par une croupe C (fig. 48).

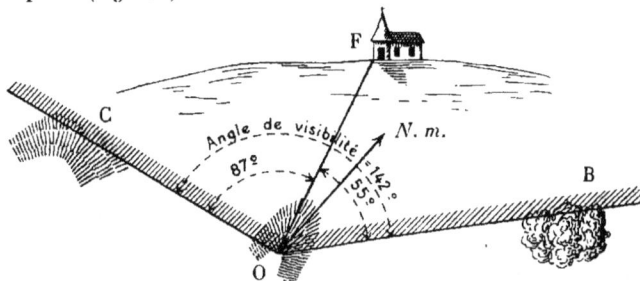

Fig. 48.

Il lèvera l'azimut OC = 102°
— l'azimut OB = 320°
Différence : 218°
360°
Angle de visibilité COB : 142°

S'il existe dans le secteur visible des points remarquables, il sera très utile d'indiquer leur direction. Ainsi dans le secteur visible de l'observatoire O, on découvre le clocher F du village des Forges.

Opérations sur le terrain.

$$
\begin{array}{lr}
\text{Azimut OF} = & 15° \\
\text{---} \quad \text{OC} = & 102° \\
\hline
\text{Angle COF} = & 87°
\end{array}
\qquad
\begin{array}{lr}
\text{Azimut OF} = & 15° \\
\text{---} \quad \text{OB} = & 320° \\
\hline
& 305° \\
& 360° \\
\hline
& 55°
\end{array}
$$

La direction du clocher est ainsi déterminée par une double opération.

### 43. Évaluation des angles en millièmes.

— Un angle a pour mesure l'arc intercepté par ses côtés sur une circonférence décrite de son sommet comme centre, quelle que soit la valeur du rayon de la circonférence.

Ainsi, l'angle AOB a la même mesure que les arcs *ab, cd, ef* (fig. 49), décrits de son sommet avec les rayons O*a*, O*c*, O*e*. Pour évaluer les arcs on a employé trois systèmes différents :

1° La circonférence a été divisée en 360 parties égales appelées *degrés;* le degré vaut 60 minutes, la minute 60 secondes.

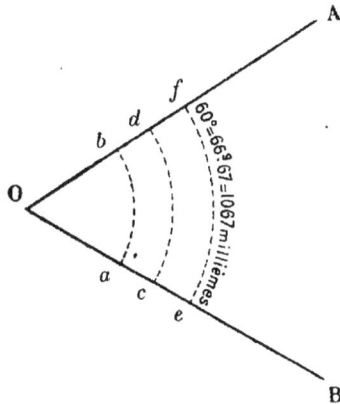

Fig. 49.

2° La circonférence a été divisée en 400 parties égales, appelées *grades.* Le grade est divisé en dixièmes, en centièmes, suivant les règles du système décimal.

On passe facilement d'un système à l'autre :

$$360° \text{ valent } 400 \text{ grades.}$$

$$1° \text{ vaut } \frac{400}{360} = \frac{10}{9} \text{ de grade.}$$

$$400 \text{ grades valent } 360°.$$

$$1 \text{ grade vaut } \frac{360}{400} = \frac{9}{10} \text{ de degré.}$$

$$\text{L'angle AOB, de } 60°, \text{ vaut } \frac{60 \times 10}{9} = 66^{gr}67.$$

3° La circonférence a été divisée en 6.400 parties égales appelées *millièmes*.

$$360° \text{ valent } 6.400 \text{ millièmes.}$$

$$1° \text{ vaut } \frac{6.400}{360} = \frac{160}{9} \text{ millièmes.}$$

$$400 \text{ grades valent } 6.400 \text{ millièmes.}$$

$$1 \text{ grade vaut } \frac{6.400}{400} = 16 \text{ millièmes.}$$

Par suite, la valeur de l'angle AOB peut être exprimée de trois façons différentes :

$$\text{Angle AOB} = 60°.$$

$$- \quad = 60 \times \frac{10}{9} = 66^{gr}67.$$

$$- \quad = 60 \times \frac{160}{9} = 1.067 \text{ millièmes.}$$

L'expression en millièmes est employée par l'artillerie ; dans l'angle précédent, angle de visibilité d'un observatoire (42), l'angle de visibilité, égal à 142°, serait exprimé par :

$$\frac{142 \times 160}{9} = 2.524 \text{ millièmes};$$

La direction du clocher des Forges serait donnée comme il suit :

Clocher des Forges : $\dfrac{87 \times 160}{9} = 1.546$ millièmes à

droite de la croupe ouest.

Clocher des Forges : $\dfrac{55 \times 160}{9} = 978$ millièmes à

gauche de la corne est du bois.

*On voit donc que le millième est une mesure d'angle, au même titre que le degré ou le grade.*

Si le rayon de la circonférence tracée du sommet de l'angle est égal à 1.000 m, la corde interceptée *ab* sera à peu près égale à 1 m ; ce que l'on exprime en disant : l'angle de 1 millième est celui qui sur une circonférence de 1.000 m de rayon couvre une corde de 1 m de longueur (fig. 5o).

Si le rayon est de 5oo m, la corde couverte sera de 5o cm ; si le rayon est de 1oo m, la corde est de 1o cm.

En résumé, *l'unité d'angle adoptée par l'artillerie est le millième de la distance ;* ses appareils de pointage sont gradués en millièmes.

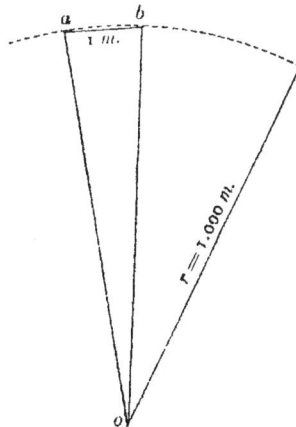

Fig. 5o.

43 *bis.* **Mesurer l'angle de deux droites avec la règle graduée.** — Soit à mesurer l'angle AOC (fig. 5o *bis*).

L'officier se place en O, la règle maintenue par le cordon à 5o cm de l'œil ; faisant face franchement au point A, il vise ce point et marque la division affleurée sur la règle, soit

8o mm. Sans déplacer la règle il vise le point C et marque la graduation indiquée, soit 262.

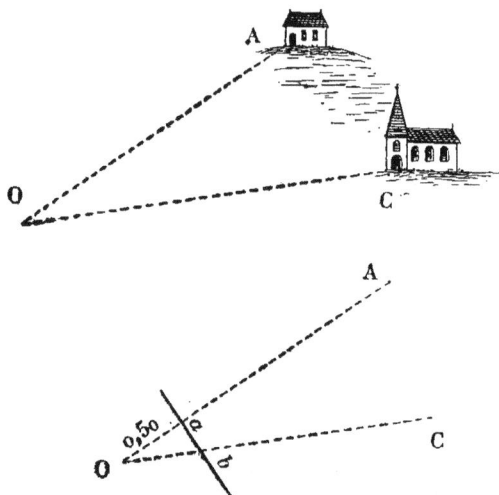

Fig. 5o *bis*.

Dans le triangle O*ab,* le rapport

$$\frac{ab}{Oa} = \frac{0{,}262 - 0{,}080}{0{,}50} = \frac{0{,}182}{0{,}50}.$$

En multipliant par 2, nous obtenons :

$$\frac{0{,}364}{1} = 0{,}364.$$

En cherchant dans la table de pente (19) nous trouvons que 0,364 correspond à l'angle de 20° ou 356 millièmes.

L'angle AOB est par conséquent égal à 20° ou 356 millièmes.

Dans la pratique, quand il s'agit d'angles très petits, on se dispense, pour aller vite, de chercher dans la table

l'angle correspondant au rapport trouvé. On opère de la
façon suivante :

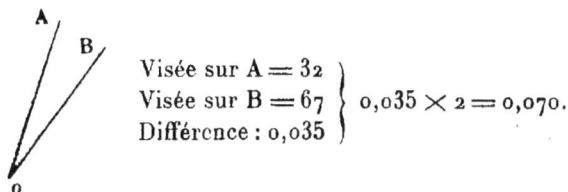

Visée sur A = 32
Visée sur B = 67 } 0,035 × 2 = 0,070.
Différence : 0,035

On admet que l'angle est de 70 millièmes, tandis que le
calcul donne 71 millièmes. Cette façon de procéder n'offre
pas de trop grands inconvénients pour des angles très
petits ; mais quand les angles augmentent, il faut cesser
de l'employer. On voit dans l'exemple précédent que pour
l'angle trouvé de 20° le calcul abrégé donnerait 364 millièmes au lieu de 356 millièmes, nombre exact.

### *Exercices pratiques sur le terrain.*

1° Lever à la boussole l'angle de deux droites ;
2° S'exercer à apprécier à vue l'angle de deux droites ;
vérifier avec la boussole ;
3° Lever l'angle de visibilité d'un observatoire.

# CHAPITRE IV

## LE TRIANGLE

**44. *Projection d'un triangle sur le plan de comparaison*. —** Un triangle est la surface limitée par trois droites qui se coupent.

Soit le triangle de l'espace ACM et le plan horizontal ou plan de comparaison H. De chacun des sommets du triangle abaissons des perpendiculaires sur le plan horizontal.

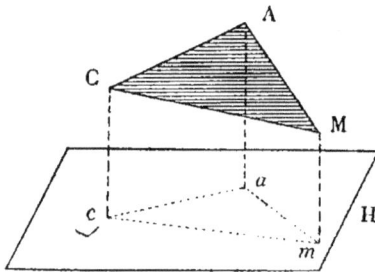

Fig. 51.

En joignant le pied de ces perpendiculaires nous aurons le triangle *acm* qui sera la projection du triangle de l'espace ACM.

Si les côtés du triangle sont parallèles au plan, les côtés se projettent en vraie grandeur (6) et le triangle lui-même sera projeté en vraie grandeur. Si les côtés sont obliques au plan de comparaison, les projections *ac, cm, ma* sont plus petites que les côtés eux-mêmes. La surface de projection *acm* sera toujours plus petite que la surface de l'espace ACM.

Pour reporter sur le croquis les côtés du triangle, il faudra donc réduire, quand l'échelle du croquis l'exigera (31), la longueur des côtés, à l'horizon. Mais pour les angles aucune réduction ne sera nécessaire, en aucun cas, quelle que soit l'inclinaison des deux droites qui en se coupant déterminent l'angle.

La figure 52 le démontre clairement.

En effet, soient le plan horizontal H, P et Q deux plans

verticaux qui se coupent ; leur intersection est la verticale AB.

Prenons un point sur cette verticale, O par exemple, et deux droites OC et OD, situées l'une dans le plan P, l'autre dans le plan Q, qui se coupent en O, faisant un angle COD. Cet angle se projette sur le plan horizontal suivant cBd.

Prenons un autre angle MNR ; il se projettera également suivant cBd. Il en sera de même de tous

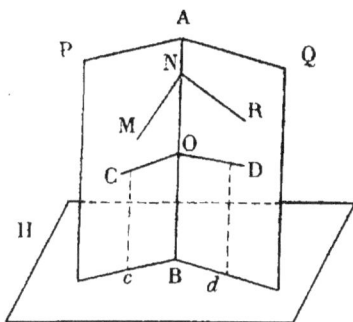

Fig. 52.

les angles ayant leur sommet sur la verticale et leurs côtés respectivement dans les plans P et Q, mais ayant une inclinaison quelconque. Ils se projetteront tous suivant l'angle cBd qui est précisément l'angle horizontal donné par la boussole.

45. — En résumé, quand les côtés du triangle ne sont pas parallèles au plan horizontal, il faut réduire les côtés à l'horizontale quand l'échelle l'exige ; mais les angles mesurés à la boussole dans le plan horizontal, seront reportés sans aucune modification, quelle que soit d'ailleurs l'inclinaison des côtés.

46. **Lever un triangle sur le terrain.** — Nous avons appris dans le chapitre II à lever une droite et dans le chapitre III à lever l'angle de deux droites. Il suffirait par conséquent de lever successivement les côtés et les angles d'un triangle suivant les méthodes indiquées pour avoir tous les éléments nécessaires à l'établissement du croquis.

Mais il est possible d'apporter des simplifications à ce travail.

47. — Dans tout triangle on compte six éléments : trois côtés et trois angles.

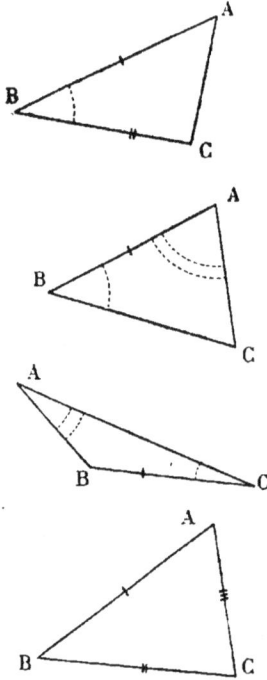

Un triangle est déterminé quand on connaît :

1° Un angle et les deux côtés qui le comprennent.

Connues : Angle ABC ;

Côtés BA et BC.

2° Un côté et les deux angles adjacents.

Connues : Côté BA ;

Angles BAC et ABC.

3° Un côté, un angle adjacent et l'angle opposé à ce côté.

Connues : Côté BC ;

Angles BCA et BAC ;

4° Les trois côtés.

Connues : Côtés AB, BC, CA.

Donc pour lever un triangle il sera inutile de lever tous ses éléments ; il suffira de se maintenir dans l'un des cas précédents en fixant son choix suivant la disposition des lieux.

Fig. 53.

48. — Le premier cas est désigné sous le nom de *méthode par cheminement ;* le second, *méthode par intersection ;* le troisième, *méthode par recoupement.*

49. **Lever un triangle par cheminement.** — Soit à lever le triangle ABC (fig. 54). Il s'agit de lever :

1° L'angle ABC ; 2° les deux droites BA et BC, opérations que nous savons effectuer.

L'opérateur se place en B ; de ce point il prend avec la boussole l'azimut de BA, l'azimut de BC ; avec le perpendicule, l'angle de pente de BA, l'angle de pente de BC. Il mesure ensuite au pas le côté BA et le côté BC.

*Vue du terrain.*

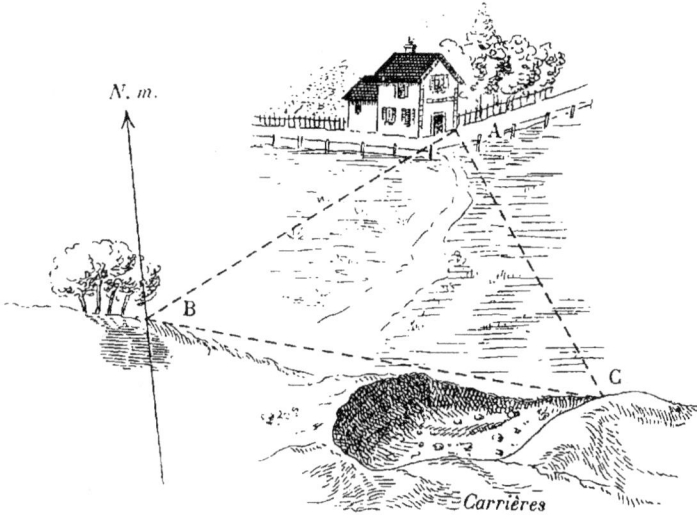

Fig. 54.

*Levé par cheminement. — Tenue du carnet de levé.*

| CROQUIS A VUE | Stations | Visées | Azimuts | Longueurs D. P. | NIVELLEMENT |
|---|---|---|---|---|---|
| | B | BA | 295° | 210 | |
| | | BC | 255° | 279 | |
| | Angle ABC | 40° | | | |

*Levé par intersection. — Tenue du carnet de levé.*

| CROQUIS A VUE | PLANIMÉTRIE | | | | NIVELLEMENT |
|---|---|---|---|---|---|
| | Stations | Visées | Azimuts | Longueurs D. P. | |
| | B | BC | 255° | | 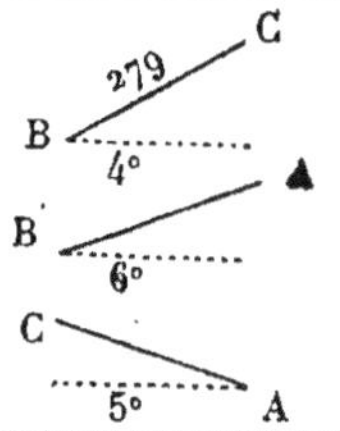 |
| | | BA | 295° | 279 | |
| | C | CA | 250° | | |

Il inscrit au fur et à mesure les mesures trouvées sur son carnet de levé qu'il tient comme il est indiqué ci-dessus.

5o. **Lever un triangle par intersection.** — Soit le même triangle à lever par intersection.

Il s'agit de lever :

1° Le côté BC ; 2° les deux angles adjacents ABC et ACB.

Ces opérations sont effectuées dans l'ordre suivant :

L'opérateur se place en B ; avec la boussole, il lève l'azimut de BC, l'azimut de BA ; avec le perpendicule, l'angle de pente de BA et l'angle de pente de BC.

Il va de B en C en comptant les doubles pas.

En C il prend l'azimut de CA et, comme vérification, l'angle de pente CA.

Les mesures sont portées au carnet de levé comme il est indiqué ci-dessus.

Les méthodes de levé par cheminement et par intersection sont très fréquemment employées dans les croquis de campagne ; on choisit l'une ou l'autre de ces méthodes suivant la disposition des lieux, les vues que l'ennemi peut avoir sur le terrain à lever, les couverts que l'on peut utiliser.

**51. Levé d'un triangle par recoupement.** — Cette méthode est rarement employée ; on ne l'utilise que lorsque des obstacles gênent le cheminement sur les côtés du triangle à lever
ou bien lorsqu'on veut opérer une
vérification rapide sur un travail déjà
exécuté.

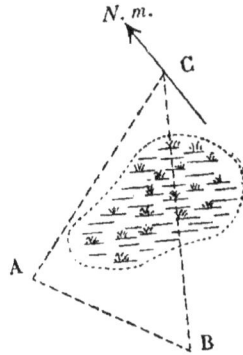

Fig. 55.

Soit le triangle ABC (fig. 55) à
lever par recoupement. L'opérateur
partira de A et comptera les doubles
pas de A en B.

En B il prendra l'azimut de BA et
celui de BC ; ne pouvant circuler en
BC, il contournera l'obstacle, viendra en C où il prendra les azimuts
de CB et de CA.

Il connaîtra alors le côté AB et les angles en B et en C. Mais la somme des angles d'un triangle étant égale à 180°, l'angle A égalera 180° — (B + C). L'angle A sera ainsi connu.

L'opérateur connaîtra alors le côté AB et les deux angles adjacents A et B ; il retombe alors
sur le deuxième cas : levé par inter-
section.

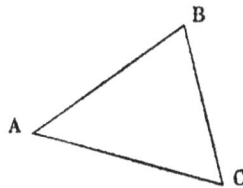

Fig. 56.

**52. Levé d'un triangle au pas.**
— Soit le triangle ABC ; on n'a pas
de boussole et il est cependant ur-
gent de lever le triangle (fig. 56).

Un triangle est déterminé quand on connaît les trois côtés ; mesurons-les au pas, et réduisons en mètres.

AB = 102 doubles pas = 170 m.
BC = 98    —    = 163 —
AC = 126    —    = 210 —

Il faut maintenant reporter le triangle levé, au $\frac{1}{5.000}$ par exemple. Réduisons à l'échelle les longueurs trouvées :

170 m font 34 mm.
163   —   32 —
210   —   42 —

Sur une droite quelconque $ab$ portons 34 mm ; en $a$, avec une ouverture de compas égale à 42 mm décrivons un arc de cercle ; en $b$ décrivons un arc de cercle avec une ouverture de compas égale à 32 mm. Ces deux arcs se coupent en C ; joignons C à $a$ et C à $b$ ; nous aurons le triangle au $\frac{1}{5.000}$ ; mais ce triangle ne sera pas orienté.

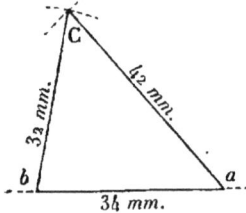

Fig. 57.

De plus il faut, pour faire le report, disposer d'un compas ; ce procédé n'est donc pas très pratique.

**53.** *Applications de la méthode d'intersection.* — Cette méthode donne pratiquement la solution rapide de nombreux problèmes de topographie de campagne.

Prenons un exemple :

Soit sur le terrain une route et le clocher d'un village C ; on veut déterminer la distance du clocher à la route (fig. 58). On mesure au pas sur la route, une longueur, une base, **AB** par exemple, soit 120 doubles pas.

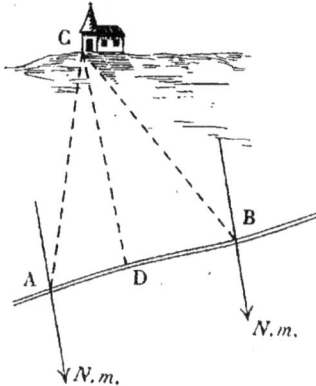

Fig. 58.

En A on prend l'azimut AC, l'azimut AB ; en B on prend l'azimut BC.

On inscrit au carnet :

$$\text{Azimut AC} = 162°$$
$$\quad\quad — \quad AB = 94°$$
$$\quad\quad — \quad BC = 212°$$
$$\text{Base AB} = 120 \text{ doubles pas.}$$

On reporte rapidement à une échelle assez grande, $\dfrac{1}{4.000}$ par exemple.

120 doubles pas valent $\dfrac{120 \times 100}{60} = 200$ m ; à l'échelle du $\dfrac{1}{4.000}$, 200 m font 50 mm.

Sur une feuille de papier, de préférence du papier quadrillé, je trace une droite quelconque que je suppose représenter la direction du nord magnétique (fig. 59).

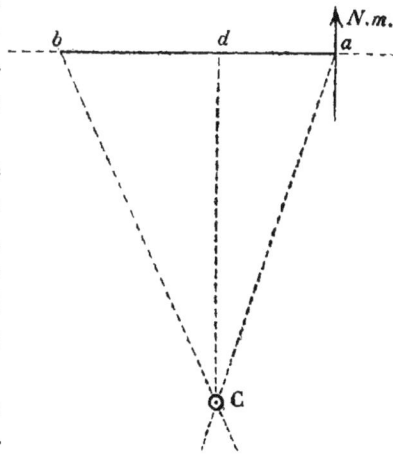

Fig. 59.

Sur un point de cette droite, $a$ par exemple, je fais un azimut égal à 94°, j'ai la direction de la base AB ; je fais un azimut égal à 162°, j'ai la direction de AC.

Sur la base à partir du point $a$ je porte une longueur de 200 m, soit, à l'échelle, 50 mm ; en $b$, je fais un azimut égal à 212°. J'ai la direction de BC. Au point d'intersection de $ac$ et de $bc$, j'ai le point C, projection, sur le plan horizontal, du clocher visé.

En mesurant au double décimètre la perpendiculaire *cd*,

je trouve 54 mm, soit, à l'échelle du $\frac{1}{4.000}$, $54 \times 4 = 216$ m.

La distance du clocher à la route est de 216 m.

On comprend facilement quels services cette méthode peut rendre dans la question si importante de la détermination des objectifs. Un chef de section un peu exercé au maniement de la boussole peut résoudre sur le terrain en moins de cinq minutes le problème qui vient d'être posé et résolu.

Si la base est prise sur une route, on évitera de mesurer la base en utilisant les bornes kilométriques et hectométriques. Il conviendra aussi, s'il n'y a pas de difficultés particulières de terrain, de prendre pour base des longueurs égales à 100 m ou à des multiples de 100 : 200, 300, etc. Cette précaution rend le report plus rapide.

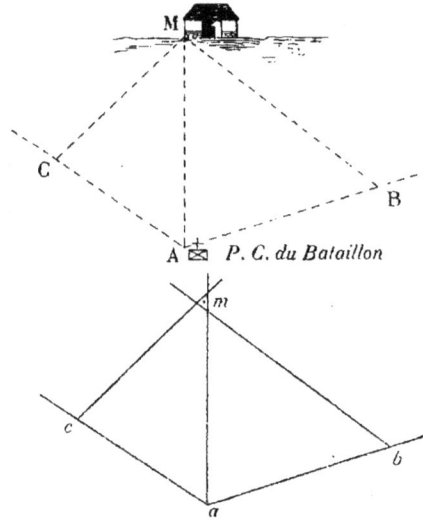

Fig. 60.

54. — Si l'on dispose d'un temps un peu plus long, la solution du problème gagnera beaucoup en précision si on opère sur deux bases jointives comme l'indique la figure 60. Soient le P. C. du bataillon et une maison située entre les deux lignes : il faut calculer la distance qui sépare la maison du poste de commandement.

On prend deux bases, AC et AB.

Les opérations sont faites dans l'ordre suivant :

En C, prendre l'azimut CM ;
—           l'azimut CA ;
De C en A, compter les doubles pas ;
En A, prendre l'azimut AM ;
—           l'azimut AB ;
De A en B, compter les doubles pas ;
En B, prendre l'azimut BM.

Le report est fait comme il vient d'être indiqué au n° 53. L'intersection des trois directions *cm, am, bm* donne le point *m* cherché.

En pratique les trois droites ne se couperont pas exactement au même point, mais elles détermineront un triangle dont la grandeur mesurera précisément l'erreur commise dans le travail. Si cette erreur est acceptable, le point *m* sera placé au centre du triangle.

Ce procédé a sur le précédent l'avantage de fournir une vérification et de donner à l'opérateur une idée assez exacte de l'approximation qu'il a obtenue.

**55. *Précautions à prendre dans le choix de la base.*** — Le point délicat, dans l'application de la méthode d'intersection à la détermination des distances, est le choix de la base.

Si la base est prise trop petite par rapport à la distance du point visé, les angles adjacents à la base se rapprochent de 90° ; l'angle au sommet (fig. 6r) devient très petit et les droites AS et SB se coupent sous un angle très aigu. Le point d'intersection est mal déterminé et on court le risque d'erreurs grossières.

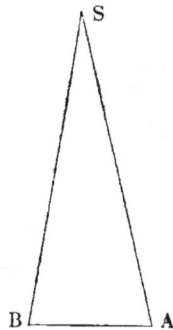

Fig. 6r.

Il faut donc que les angles adjacents, ou angles à la base, varient entre 3o et 60°. Si cette limite est dépassée, l'évaluation de la distance devient difficile et perd de son exactitude : il faut alors prendre une base plus grande. Un chef de section un peu exercé peut à première vue réaliser ces conditions sur le terrain.

56. — S'il est difficile de trouver aux environs d'un poste d'observation une base de longueur suffisante, on tourne la difficulté par l'expédient suivant :

Soit à trouver la distance du point M au poste d'observation A ; on ne trouve pas à partir du point A une base de longueur suffisante pour effectuer l'opération (fig. 62).

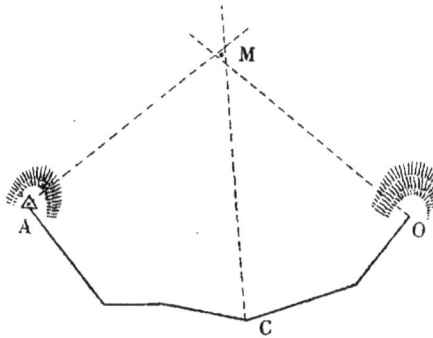

On cherche à une distance suffisante de A un point, O par exemple, d'où on puisse voir le point M. On relie A et O par un cheminement levé au pas et à la boussole ; du point A on prend l'azimut AM, du point O l'azimut OM. L'intersection des droites AM et OM donne le point cherché ; si d'un point C du cheminement, le point M est visible, on lèvera l'azimut CM à titre de vérification.

La droite AM mesurée sur le croquis donnera la distance cherchée.

*Exercices pratiques sur le terrain.*

1° Détermination des objectifs. Trouver la distance d'un point donné.

2° Répéter cet exercice pour des points rapprochés, pour des points éloignés. Insister pour qu'il n'y ait pas d'hésitation sur le choix de la base.

# CHAPITRE V

## LE POLYGONE

57. — Un polygone est la surface limitée par des droites qui se coupent. Les côtés du polygone forment le périmètre.

Les diagonales menées par un des sommets décomposent le polygone en triangles (fig. 63). Nous savons actuellement lever et rapporter un triangle ; nous pourrions donc lever et rapporter le polygone ABCDE en le décomposant en trois triangles.

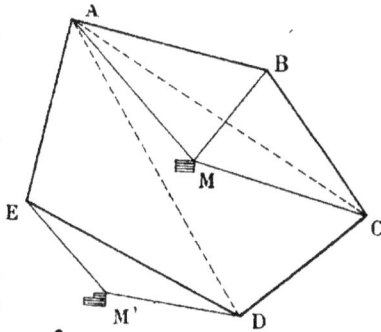

Fig. 63.

Mais ce procédé n'est pas toujours applicable sur le terrain, et dans certains cas il faudra lever le périmètre en opérant par cheminement et lever par la méthode d'intersection les points remarquables situés à l'intérieur ou à l'extérieur du polygone et visibles de deux ou trois sommets, les maisons M et M' par exemple.

De plus, le polygone est dans presque tous les cas la base de tout levé expédié : c'est l'ossature, le canevas qui permettra de placer d'abord les grandes lignes du terrain et ensuite les détails. Il importe donc que le périmètre soit levé et soigneusement vérifié ; chaque fois que l'on dispose du temps nécessaire, il faut donner tous ses soins à cette opération, base de tout le travail. Nous verrons par la suite que le levé d'un polygone, sa vérification, et la correction des erreurs commises dans le levé sont des opérations courantes de la guerre de positions.

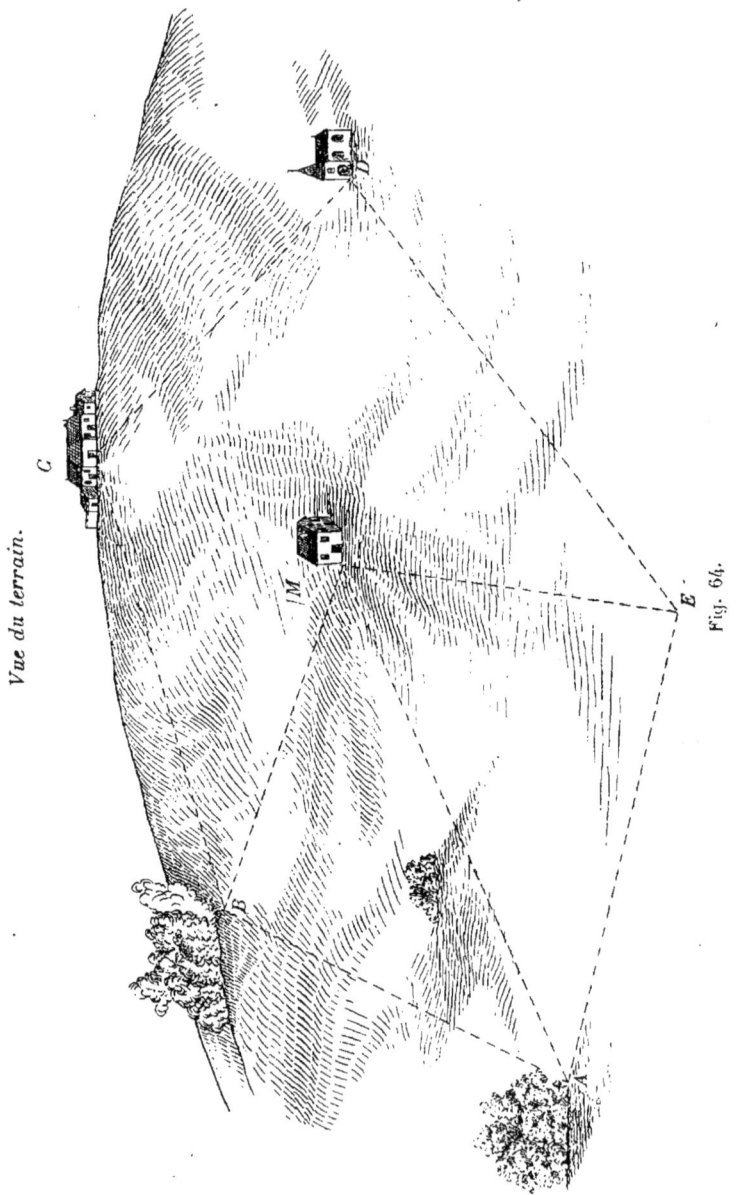

Vue du terrain.

Fig. 64.

58. *Levé d'un polygone. Tenue du carnet.* — La figure 64 donne la vue du terrain sur lequel le polygone de base a été tracé.

Le périmètre sera levé au pas et à la boussole pour la planimétrie, au niveau à perpendicule pour le nivellement.

Le point d'origine est en A ; on opérera par cheminement. L'officier se place en A ; il lève l'azimut de la droite AB qu'il inscrit au carnet.

Il doit se porter maintenant de A en B en comptant les doubles pas et prendre l'angle de pente de AB. Mais de A en B la pente n'est pas uniforme ; il existe en *m* et

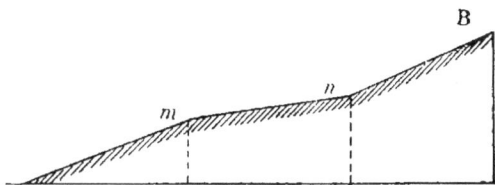

Fig. 65.

en *n* des points de changement de pente et le terrain affecte la forme donnée par la figure 65.

C'est donc le profil du terrain suivant la direction AB que l'officier est amené à lever, opération que nous savons exécuter et que nous avons décrite en détail au n° 34.

Arrivé en B l'officier prend l'azimut de BC ; il se retourne et prend à titre de vérification l'azimut BA. L'azimut BA et l'azimut AB doivent différer de 180° (16).

L'officier se remet en route et lève le profil du terrain suivant la direction BC, et il continue ainsi de proche en proche jusqu'à ce qu'il ait fermé le polygone, c'est-à-dire qu'il soit revenu à son point de départ A.

Le carnet sera tenu comme il est indiqué à la figure 66 ; les vérifications y sont faciles.

La maison M a été levée par intersection ; des sommets E, A et B, d'où elle était visible, on a levé les azimuts EM, AM, BM. La position de la maison a été ainsi déterminée par l'intersection de trois droites.

## Tenue du carnet.

**PLANIMÉTRIE**

| Stations | Visées | Azimuts | Longueurs D. P. | Intersections |
|---|---|---|---|---|
| A | AB | 312° | 318 | Azimut AM = 274°. |
| B | BC / BA | 268° / 132° | 372 | Azimut BM = 246°. |
| C | CD / CB | 265° / 98° | 312 | |
| D | DE / DC | 166° / 25° | 330 | |
| E | EA / AE | 57° / 237° | 370 | Azimut EM = 334°. |
| A | | | | |

CROQUIS A VUE

*Nivellement.*

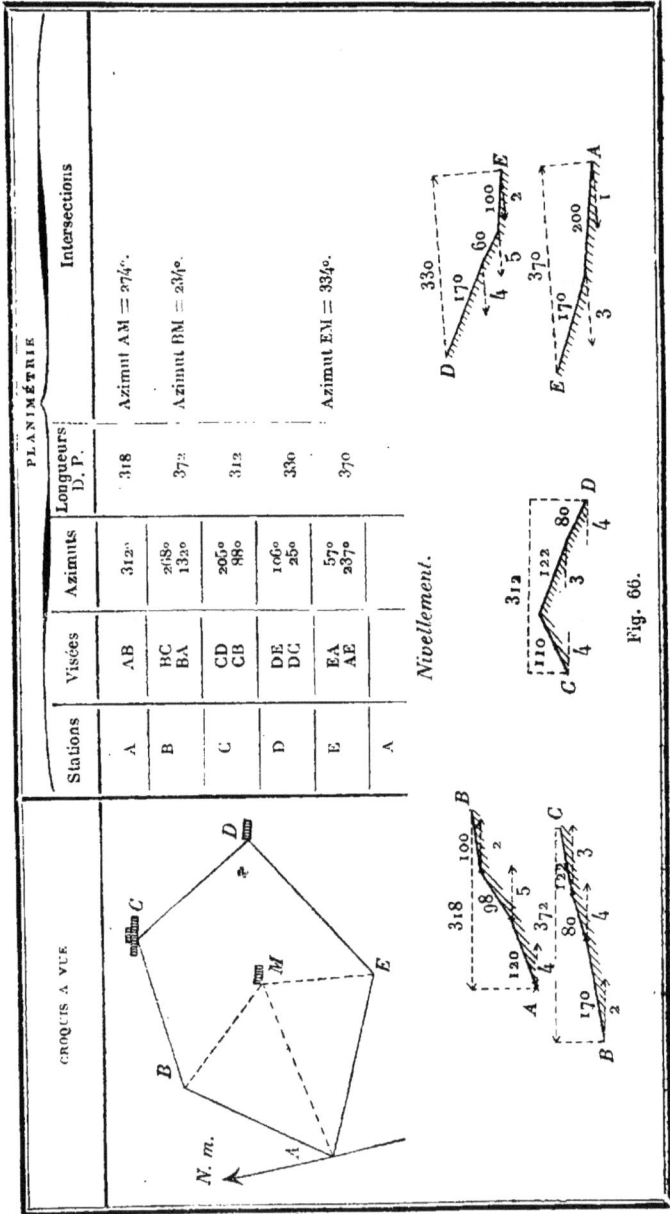

Fig. 66.

Pour le nivellement on s'est conformé aux règles posées pour le levé d'un profil du terrain (34). Il ne peut donc y avoir aucune difficulté.

Les calculs seront disposés comme il suit :

| STATIONS | LONGUEURS | | ANGLES de pente | HAUTEUR par mètre | COTES | | CORRECTION | COTES arrondies |
|---|---|---|---|---|---|---|---|---|
| | Doubles pas | Mètres | | | | | | |
| A | | | | | | 80 | 80,00 | 80 |
| | 120 | 200 | + 4 | 0,070 | 14 | 94 | 93,90 | 94 |
| | 98 | 163 | + 5 | 0,087 | 14,18 | 108,18 | 107,98 | 108 |
| | 100 | 167 | + 2 | 0,035 | 5,85 | | | |
| B | | 530 | | | | 114,03 | 113,73 | 114 |
| | 170 | 284 | + 2 | 0,035 | 9,94 | 123,97 | 123,57 | 124 |
| | 80 | 133 | + 4 | 0,070 | 9,31 | 133,28 | 132,78 | 133 |
| | 122 | 203 | + 3 | 0,052 | 10,56 | | | |
| C | | 620 | | | | 143,84 | 143,24 | 143 |
| | 110 | 183 | + 4 | 0,070 | 12,81 | 156,65 | 155,95 | 156 |
| | 122 | 203 | — 3 | 0,052 | 10,56 | 146,09 | 145,29 | 145 |
| | 80 | 134 | — 4 | 0,070 | 9,38 | | | |
| D | | 520 | | | | 136,71 | 135,81 | 136 |
| | 170 | 283 | — 4 | 0,070 | 19,81 | 116,90 | 115,90 | 116 |
| | 60 | 100 | — 5 | 0,087 | 8,70 | 108,20 | 107,00 | 107 |
| | 100 | 167 | — 2 | 0,035 | 5,85 | | | |
| E | | 550 | | | | 102,35 | 101,05 | 101 |
| | 170 | 284 | — 3 | 0,052 | 14,76 | 87,59 | 86,19 | 86 |
| | 200 | 334 | — 1 | 0,018 | 6,01 | | | |
| A | | 618 | | | | 81,58 | 80,00 | 80 |

Les calculs sont effectués comme pour l'établissement d'un profil suivant la méthode développée au n° 34.

59. **Erreurs de fermeture. Définitions.** — Le polygone ABCDE du terrain a été rapporté ; on a successivement tracé sur le croquis les azimuts aux différents sommets, porté à l'échelle les longueurs correspondantes aux côtés et le travail de report commencé en A s'est poursuivi jusqu'en D (fig. 67).

**En** D on trace le dernier azimut, on porte à l'échelle la

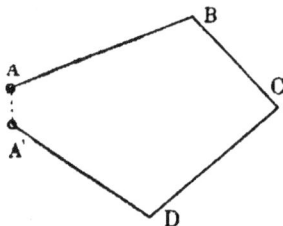

Fig. 67.

dernière longueur et on obtient le point A′ au lieu du point A auquel devait aboutir le cheminement.

Dans ce cas *on n'a pas fermé le polygone ;* la distance qui sépare le point A′ du point A s'appelle *l'erreur de fermeture en planimétrie* et la droite AA′ mesure le degré d'approximation obtenue.

Dans l'exemple précédent, nous sommes partis du point A et nous avons donné à ce point de départ la cote initiale 80. Après 15 opérations de nivellement nous sommes revenus au point A et nous avons trouvé comme cote de ce point $81^m58$ au lieu de 80 m ; l'écart est de $1^m58$ en plus. Il s'appelle *erreur de fermeture en nivellement.* Quand la cote d'arrivée obtenue est supérieure à la cote de départ, l'erreur de fermeture est positive ; quand la cote d'arrivée est inférieure à la cote de départ, l'erreur de fermeture est négative. Nous allons apprendre à faire la correction de ces erreurs.

60. *Erreur de fermeture en planimétrie.* — Soit le polygone ABCDEA′ rapporté au $\dfrac{1}{5.000}$ (fig. 68) ; l'erreur de fermeture AA égale 9 mm, soit, à l'échelle, 45 m.

Deux cas peuvent se présenter : ou bien l'erreur est acceptable, ou bien l'erreur est trop grande pour être admise.

*$1^{er}$ Cas.* — L'erreur est acceptable quand elle n'est pas supérieure au $\dfrac{1}{50}$, soit 2 °/₀ du développement total du périmètre. Dans le cas qui nous occupe le périmètre a 2.300 m de développement : l'erreur de 45 m, inférieure à $\dfrac{2.300}{50}$, est acceptable.

Échelle $\frac{1}{5.000}$

Périmètre :

AB = 400 m
BC = 450
CD = 500
DE = 425
FA' = 525
_____
2.300 m

Erreur de fermeture en planimétrie : 45 m.

Polygone compensé AbcdeA.

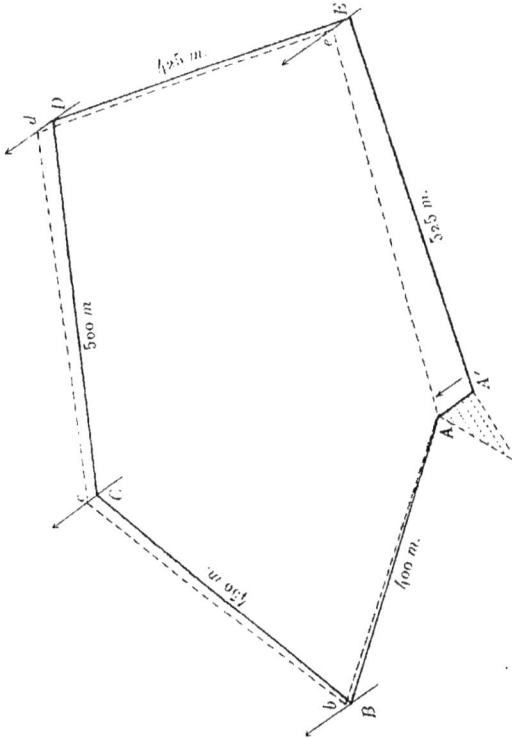

Fig. 68.

Il s'agit de la répartir entre les différents sommets.

Il faut en somme ramener A′ en A ; le sens de l'erreur est marqué par la flèche, et les corrections devront toujours être faites dans ce sens. On divisera l'erreur totale AA′ en cinq parties égales et par chacun des sommets on mènera une parallèle à AA′. Sur la première parallèle, en B, on portera un cinquième de AA′ ; sur la deuxième, en C, deux cinquièmes ; sur la troisième, en D, trois cinquièmes, et ainsi de suite. En joignant les points obtenus, on aura le *polygone compensé* AbcdeA.

Il tombe sous le sens que si les longueurs des côtés étaient très différentes, il faudrait répartir l'erreur commise non plus par parties égales, mais au prorata des longueurs des côtés. Ce cas se présente très rarement en pratique ; il peut être très facilement résolu par une simple règle de trois ou graphiquement.

$2^{e}$ *Cas.* — L'erreur est supérieure au $\frac{1}{50}$ du développement total du périmètre : elle n'est donc pas acceptable. Il faudra alors :

1° Reprendre sur le carnet de planimétrie le calcul des azimuts et vérifier le report en mesurant au rapporteur les angles intérieurs du polygone ;

2° Si l'erreur de fermeture est sensiblement parallèle à l'un des côtés (fig. 69), AA′ par exemple parallèle à BC, il faut revoir de près les inscriptions au carnet relatives à ce côté et en calculer de nouveau la longueur ;

3° Si la faute commise n'est pas découverte, il faut reconstruire de nouveau le polygone, mais en sens inverse.

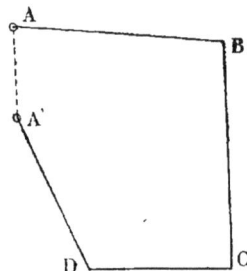

Fig. 69.

Si l'erreur s'est produite dans le report, elle sera de la sorte mise en évidence.

Si ces trois moyens échouent, il est à présumer que des

erreurs importantes ont été commises dans le travail sur le terrain : il faut alors recommencer le levé. Dans tous les cas, il faut tenir comme non avenu *et se garder de transmettre au commandement un document dont la rédaction a peut-être coûté beaucoup de peine et de travail et fait courir quelques dangers, mais que l'on sait être inexact.*

61. **Erreur de fermeture en nivellement.** — Soit le polygone ABCDE (fig. 66), dont le nivellement, établi au n° 59, a nécessité sur le terrain 15 coups de niveau.

La cote initiale était 80 m, la cote d'arrivée a été 81$^m$58, soit une erreur positive (60) de 1$^m$58. Pour faire la correction nous avons divisé l'erreur de 1$^m$58 par le nombre de changements de pente, soit $\dfrac{1,58}{15} = 10$ cm, et nous avons diminué les cotes obtenues de 10 cm pour la première, de 10 cm $\times$ 2 pour la seconde, de 10 cm $\times$ 3 pour la troisième et ainsi de suite.

La règle sera la suivante :

Diviser l'erreur totale en autant de parties égales qu'il y a eu de coups de niveau; les corrections seront toujours faites dans le sens de l'erreur.

Si l'erreur est positive, c'est-à-dire si la cote d'arrivée est au-dessus de la cote de départ, faire la correction par soustraction ; si l'erreur est négative, c'est-à-dire si la cote d'arrivée est au-dessous de la cote de départ, faire la correction par addition.

Ce système de compensation des erreurs de fermeture suppose que les erreurs commises sur le cheminement, soit en planimétrie, soit en nivellement, vont en croissant régulièrement, ce qui n'est pas du tout démontré. Mais, telle qu'elle est, cette solution réunit la plus grande somme de probabilités : elle est très largement suffisante pour des croquis de campagne.

Le polygone est la base de tout levé expédié : un chef de section qui sait lever un polygone sur le terrain, le reporter

correctement sur le papier, compenser ensuite les erreurs
de fermeture, peut aborder sans crainte l'exécution d'un
croquis de campagne, faire de son travail un document
donnant des renseignements précis et utiles, pour si difficile que soit le terrain, pour si dure que l'opération lui
paraisse au début.

Un document officiel va me permettre d'en donner un
exemple.

62. *Application : repérer l'emplacement d'une
mitrailleuse ennemie B.* — C'est en ces termes que l'Instruction sur les plans directeurs du 14 février 1916 pose le
problème en donnant la figure n° 70 que je reproduis
exactement.

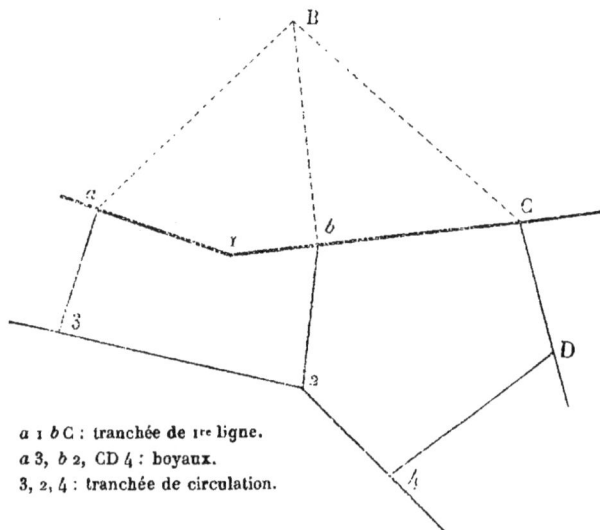

a 1 bC : tranchée de 1re ligne.
a 3, b 2, CD 4 : boyaux.
3, 2, 4 : tranchée de circulation.

Fig. 70.

Elle résume les opérations à effectuer comme il suit :
1° Faire une reconnaissance préalable du terrain (4);
2° Prendre l'angle magnétique (azimut) des différentes
lignes, a 1, 1 b, bC, etc. (15);

3° Mesurer les distances au double pas (10);

4° Procéder à la construction graphique .u cheminement,

c'est-à-dire reporter à l'échelle du $\frac{1}{5.000}$ les deux polygones

levés (58);

5° Répartir l'erreur de fermeture (59-60);

6° Des points $a$, $b$, C viser l'emplacement de la mitrailleuse B et prendre les azimuts (53-54);

7° Reporter les azimuts sur le croquis. L'emplacement de la mitrailleuse ennemie est donné par intersection (55-56).

C'est exactement la marche que j'ai indiquée : le chef de section sait maintenant faire rapidement et correctement les différentes opérations énumérées, et il pourra par suite fournir avec précision le renseignement demandé, dont l'importance n'échappera à aucun de ceux qui ont fait du service aux tranchées.

63. **Résumé.** — En résumé, l'étude de toutes les opérations à effectuer sur le terrain est terminée. Elles comprennent :

1° Des mesures de longueur au pas;

2° Des mesures d'angles à la boussole;

3° Des mesures de pente avec un niveau de fortune.

Nous savons de plus inscrire correctement sur les carnets de levé toutes les mesures prises sur le terrain. Il nous reste maintenant à étudier le terrain au point de vue militaire.

*Exercices pratiques sur le terrain.*

Lever un polygone en planimétrie et en nivellement.

Exiger de façon rigoureuse que les carnets de levé soient tenus méthodiquement suivant le modèle donné.

*Exercices graphiques.*

Faire sur le carnet de levé toutes les vérifications.

Disposer le travail pour le calcul des cotes.

Reporter le cheminement. Compenser les erreurs de fermeture.

———

# CHAPITRE VI

## LE TERRAIN

64. — Dans une étude du terrain faite au point de vue militaire, les grandes lignes qu'il faut tout d'abord dégager des détails de l'ensemble sont les *lignes de crête* et les *vallées*.

Quand les eaux de pluie tombent sur le sol et ruissellent à la surface, la ligne de crête les divise (fig. 71) ; une partie est déversée sur un flanc, l'autre partie est déversée sur le flanc opposé. C'est pour cette raison que la ligne de crête est aussi appelée *ligne de partage des eaux*.

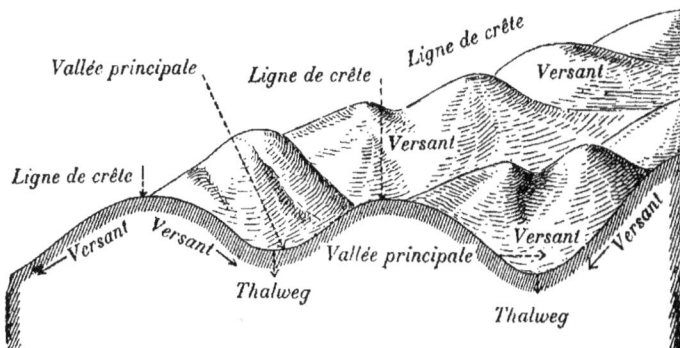

Fig. 71.

Les flancs dont l'intersection forme la ligne de crête s'appellent *versants*.

La vallée est comprise entre les deux versants : les eaux suivent de proche en proche les points les plus bas de la vallée ; ils constituent le *thalweg*.

La ligne de crête est donc la ligne d'intersection supérieure de deux versants; le thalweg, la ligne d'intersection inférieure de deux versants opposés.

Les eaux de pluie qui ruissellent sur les flancs, de la crête au thalweg, usent peu à peu le sol, y creusent des rigoles qui avec le temps deviennent *des ravines, des ravins, des vallées secondaires,* collecteurs d'inégale importance qui conduisent les eaux de la crête au fond de la vallée principale. Les cours d'eau ainsi formés s'appellent *affluents.* L'ensemble de la vallée principale et des vallées secondaires, où coulent les affluents, s'appelle *bassin.*

65. — Le versant est donc découpé en une série de vallées secondaires; entre deux vallées qui se suivent sur le même flanc, le terrain, qui a été moins atteint par le travail lent, mais continu des érosions, domine les deux thalwegs; c'est une croupe (fig. 72).

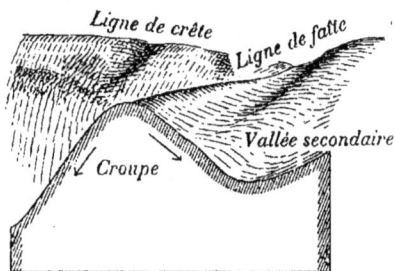

Fig. 72.

La croupe présente elle-même, nécessairement, deux versants; la ligne d'intersection de ces deux versants s'appelle *ligne de faîte.*

66. — Les versants d'une vallée n'ont pas une inclinaison continue et uniforme; suivant la nature du sous-sol qui a facilité le travail d'érosion, ou qui s'y est opposé, ils offrent des pentes plus ou moins accentuées se raccordant entre elles par des *lignes de changement de pente.*

Sur le versant de la figure 73, AC est la ligne de crête principale; on la désigne aussi sous le nom de *crête topographique.* DE et FH sont des lignes de changement de pente.

La ligne de changement de pente FH est celle où les

défenseurs de la crête principale AC devraient se porter pour battre de leurs feux directs tout le versant jusqu'au thalweg ; on la désigne sous le nom de *crête militaire*.

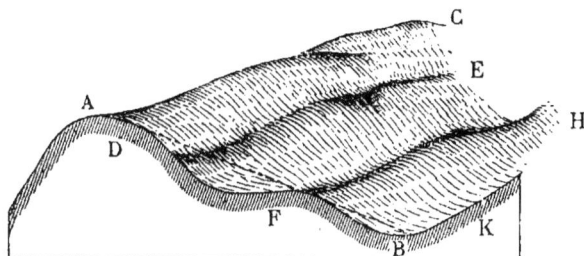

Fig. 73.

Un défenseur placé sur la crête principale ne pourrait voir sur le versant opposé que la partie située au-dessus de la ligne FK. La partie au-dessous de cette ligne, FKB, constitue un *angle mort*.

67. — Une ligne de crête présente des points hauts et des points bas ; les points hauts s'appellent des *sommets ;* les points bas, des *cols*.

Les voies de communication franchissant une ligne de crête utilisent toujours un col.

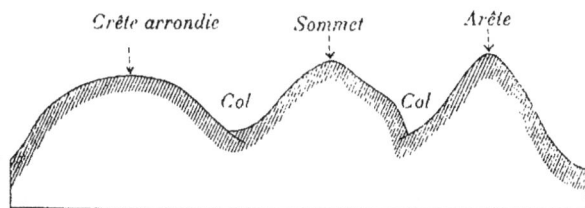

Fig. 74.

Les lignes de crête sont, nous l'avons vu, les lignes d'intersection supérieure de deux versants opposés. L'angle 'd'intersection peut être très ouvert ou aigu ; dans le premier cas on a une *crête arrondie, à pentes douces ;* dans le second cas, une *arête* (fig. 74).

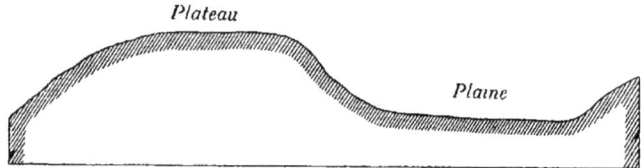

Fig. 75.

On appelle *plaine* une vaste étendue de terrain à peu près horizontale en contre-bas des régions voisines (fig. 75), une

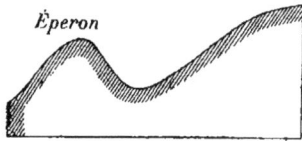

Fig. 76.

large vallée par exemple ; un *plateau* est une surface étendue, à peu près plane également, mais séparée des régions voisines par des dépressions ou des vallées.

Quand la ligne de faîte d'une croupe se relève vers son extrémité, formant ainsi une sorte de protubérance, on a un *éperon* (fig. 76).

68. — Le *relief ou commandement* d'un point sur un autre (29) est la différence de cote de ces deux points.

Au point de vue militaire l'altitude absolue, c'est-à-dire la hauteur du point au-dessus du plan de comparaison (le niveau de la mer pour la carte d'État-Major) n'a qu'une valeur relative ; c'est le commandement, le relief, qui est la donnée essentielle ; c'est cette donnée qu'il faut mettre en évidence dans tout croquis de position ou de reconnaissance. En topographie militaire les différents mouvements de terrain se désignent par des noms spéciaux suivant leur relief au-dessus du terrain environnant, comme l'indique la figure 77.

Généralement les mouvements de terrain sont reliés, soudés ensemble ; rarement ils surgissent isolés dans la

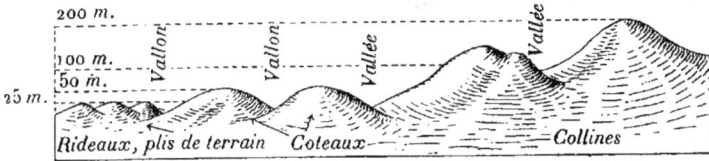

Fig. 77.

plaine ou sur le plateau. On les désigne alors sous le nom de *tertres, buttes, monticules, éminences, mamelons, pitons* (fig. 78).

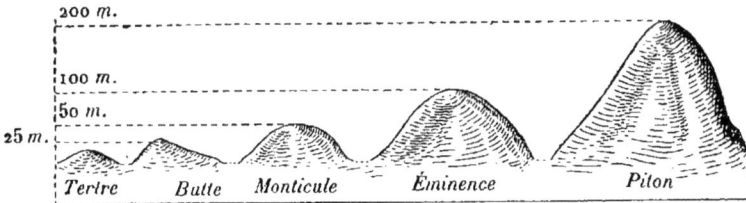

Fig. 78.

69. — Les différents mouvements de terrain créent des obstacles à la vue et des protections contre les feux de l'ennemi.

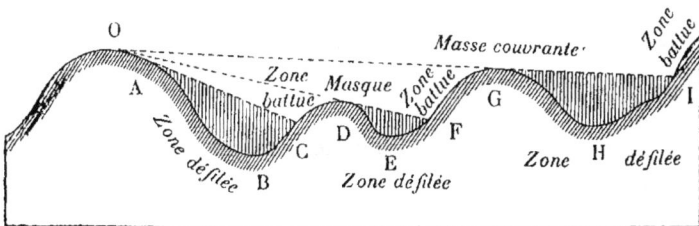

Fig. 79.

Si l'ennemi est placé en O sur la crête topographique les zones ABC, DEF, GHI, sont des *angles morts*. Les troupes qui les occupent sont défilées, c'est-à-dire cachées aux vues de l'infanterie allemande postée en O et abritées contre les feux directs venant de la crête. Les lignes OC, OF, OI partant du point O et tangentes au point culminant du mouvement de terrain qui constitue le masque ou la masse couvrante sont des *lignes de défilement*.

On désigne sous le nom de *défilé* tout accident de terrain, tout obstacle naturel ou artificiel obligeant une troupe en marche à rétrécir son front et à prendre une formation en profondeur. Un étranglement dans une vallée, un col, un pont, l'espace libre entre deux bois très touffus et impraticables, constituent un défilé. L'extrémité d'un défilé se nomme *débouché*.

Toutes les expressions dont je viens de me servir ont un sens exclusif, nettement déterminé.

Dans le rapport ou le compte rendu qu'un chef de section doit joindre au croquis qu'il a établi, il doit se servir du mot propre, ne pas écrire par exemple ligne de crête pour ligne de faîte, ou mamelon pour croupe. Il doit désigner les accidents du terrain par le nom topographique qui leur convient et encore une fois ne pas oublier que dans l'établissement d'un document militaire, il faut surtout lutter contre l'esprit d'à peu près.

*Exercices pratiques sur le terrain.*

1° Reconnaître pour une région déterminée les principaux mouvements du terrain : les définir exactement ;

2° Se placer derrière un masque ou une masse couvrante et déterminer la position des lignes de défilement ;

3° Dégager des détails de l'ensemble, pour une région déterminée, les lignes caractéristiques du terrain : ligne de crête, ligne de faîte, thalweg, etc. ;

4° Se plaçant sur un flanc, suivre la crête militaire.

# CHAPITRE VII

## REPRÉSENTATION DU RELIEF DU TERRAIN
## PAR DES COURBES DE NIVEAU

70. — Nous avons vu qu'un point quelconque du terrain est
exactement déterminé par sa projection sur le plan horizontal
et par sa cote; une droite, par sa projection sur le plan horizontal et la cote de deux de ses points; un triangle, par la
projection de ses trois côtés et la cote de ses sommets; un
polygone, par la projection de son périmètre et la cote de
chacun de ses sommets (fig. 80).

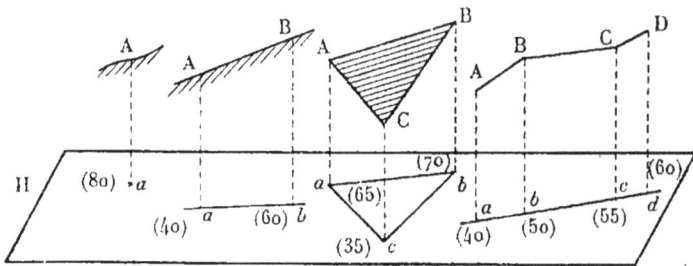

Fig. 80.

Enfin une ligne sinueuse du terrain peut toujours être
assimilée à une ligne formée d'éléments droits, de droites,
se rapprochant très sensiblement de la ligne sinueuse.

Dans ces conditions les lignes caractéristiques du terrain,
ligne de crête ou ligne de faîte, thalweg, pourraient être
représentées sur le croquis par des droites se coupant sous
de certains angles; cette série de droites donnerait la planimétrie, les cotes de ces droites détermineraient le relief,
comme l'indique la figure 81.

Mais ce système, dit du *plan coté,* a l'inconvénient de sur-
charger le dessin de droites enchevêtrées et de nombreuses
cotes de telle sorte
que s'il s'agit d'un
terrain accidenté, **la**
lecture du croquis
devient très difficile;
de plus il ne donne
pas l'image du ter-
rain, il ne parle pas
aux yeux, vice capi-
tal quand il s'agit
d'un croquis de
campagne.

On a tourné la
difficulté de la ma-
nière suivante :

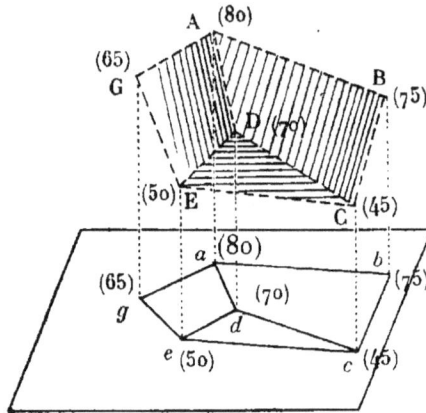

Fig. 81.

Soient les deux droites du terrain AB et AC qui se
coupent en A (fig. 82).

Cote de A = 100 m.

Cotes de B et de
C = 70 m.

Déterminons sur
AB et BC les cotes
rondes de 5 m en
5 m, opération que
nous savons effec-
tuer (38).

Joignons ces
points; nous aurons
les droites cotées
70, 75, 80, 85, etc.
Il est évident que
tous les points du

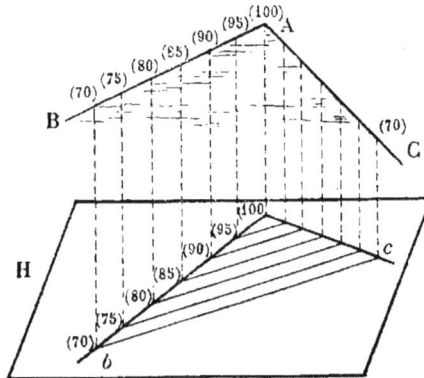

Fig. 82.

terrain cotés 75 seront projetés sur le croquis suivant **la**
droite cotée 75 ; que tous les points du terrain cotés 80

seront projetés sur la droite cotée 80, et ainsi de suite. On pourra donc représenter le terrain comme il est indiqué à la figure 82. Cela est déjà une simplification ; mais elle n'est pas suffisante.

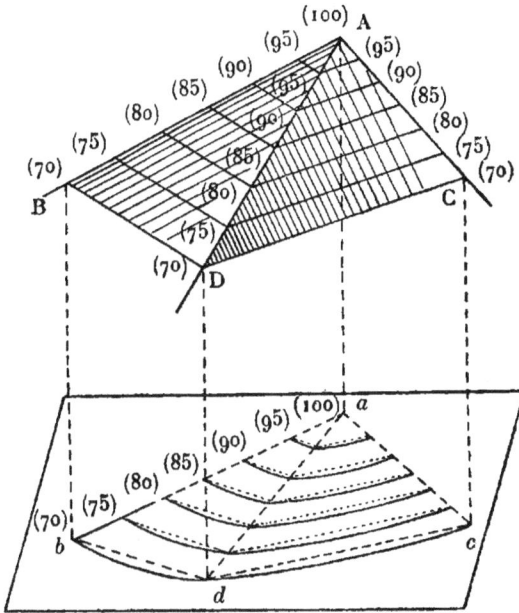

Fig. 83.

Prenons maintenant trois droites qui se coupent en A ; déterminons les points de passage des cotes de 5 m en 5 m. Regardons la figure avec quelque attention. Il est clair que la droite AD du terrain représente la ligne de faîte d'une croupe et que les faces BAD et DAC représentent les versants de cette croupe. Mais dans la nature les plans qui, soudés entre eux, forment les différents mouvements de terrain, ne se coupent pas suivant des lignes d'intersection très nettes, à arêtes vives. Le travail séculaire des érosions a adouci les angles, modelé le terrain ; il faudra donc pour se rapprocher de la réalité adoucir sur le report l'arête *ad*, arrondir l'angle, et le croquis prendra l'allure indiquée par la figure 83. Les droites ainsi modifiées s'appellent courbes de niveau.

71. *Courbes de niveau. Équidistance réelle. Équidistance graphique.* — En somme, le travail que nous venons de faire consiste en réalité à mener des plans horizontaux séparés par une même distance verticale, 5 m dans l'exemple de la figure 83. L'intersection de ces plans avec le terrain donne les courbes de niveau qui, étant horizontales, se projettent en vraie grandeur sur le plan de comparaison. La distance verticale qui sépare les plans horizontaux s'appelle : *équidistance réelle* ou *équidistance naturelle ;* ainsi, dans l'exemple que nous avons choisi (fig. 83), l'équidistance réelle est de 5 m.

L'équidistance réelle varie avec l'échelle du croquis. On admet généralement que l'équidistance réelle est égale à la longueur représentée par $\frac{1}{4}$ de millimètre à l'échelle du croquis ou de la carte ; l'équidistance réelle réduite à l'échelle de la carte s'appelle *équidistance graphique.*

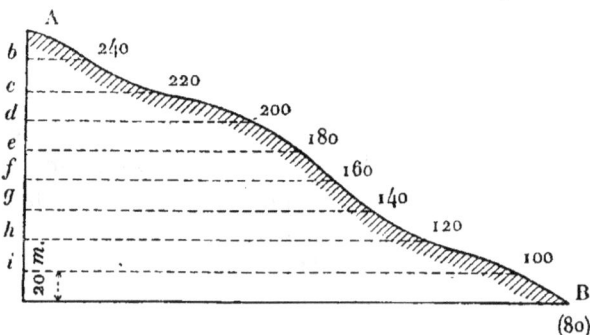

Fig. 84.

Soit la ligne de faîte AB d'une croupe. La hauteur verticale *bc, cd, de,... fg,...* s'appelle équidistance réelle.

L'équidistance réelle est généralement égale à la longueur représentée par $\frac{1}{4}$ de millimètre à l'échelle du croquis. Si l'échelle est au $\frac{1}{80.000}$, nous aurons :

$$1 \text{ mm} \qquad \text{représente } 80 \text{ m}$$
$$\frac{1}{4} \text{ de mm} \qquad - \qquad \frac{80}{4} = 20 \text{ m.}$$

L'équidistance réelle est de 20 m, et les courbes seront cotées comme l'indique la figure 84.

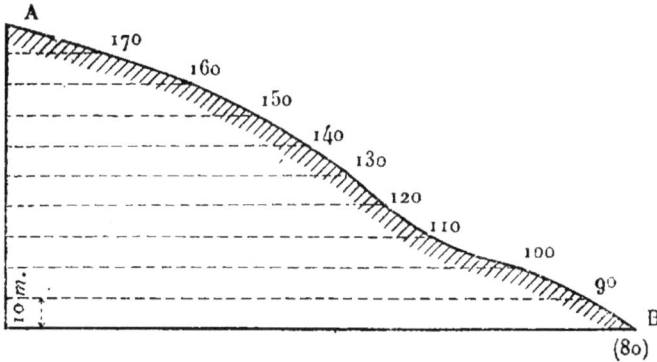

Fig. 85.

L'échelle est au $\frac{1}{40.000}$ (fig. 85).

$$\text{Équidistance graphique} = \frac{1}{4} \text{ de mm.}$$
$$\text{Au } \frac{1}{40.000}, \text{ 1 mm vaut } 40 \text{ m}$$
$$- \qquad \frac{1}{4} \text{ mm} \quad - \quad \frac{40}{4} = 10 \text{ m.}$$

L'équidistance réelle est de 10 m ; les courbes seront cotées de 10 m en 10 m comme l'indique la figure 85.

En résumé, l'équidistance graphique est fixée à $\frac{1}{4}$ de millimètre. C'est la règle générale ; mais si pour un motif quelconque, il y a dérogation à cette règle, une indication portée au bas de la carte ou du croquis indique la valeur qui a été adoptée pour l'équidistance réelle.

Ainsi la carte en courbes du $\frac{1}{50.000}$ porte l'annotation : *équidistance = 10 m*. Si la règle du $\frac{1}{4}$ de millimètre avait été suivie, nous aurions eu : équidistance graphique = $\frac{1}{4}$ mm ; au $\frac{1}{50.000}$, $\frac{1}{4}$ de millimètre vaut $\frac{50}{4} = 12^m 50$. Mais cette valeur de $12^m 50$ n'était pas commode pour le calcul des cotes ; on l'a remplacée par la valeur 10 m qui rend les calculs plus faciles ; mais la carte au $\frac{1}{50.000}$ porte mention de cette dérogation.

Les plans directeurs au $\frac{1}{5.000}$ portent l'indication : *équidistance = 5 m*. Si la règle avait été appliquée, l'équidistance aurait été égale à $\frac{5}{4} = 1^m 25$ ; la règle du $\frac{1}{4}$ n'ayant pas été observée, les plans directeurs font mention de cette dérogation.

En somme, le choix de l'équidistance réelle est laissé à l'appréciation de l'officier chargé de l'exécution d'un croquis de campagne; il a reçu des ordres, il sait exactement la nature des renseignements qu'il doit donner, les particularités qu'il doit mettre en évidence et ce sont ces considérations qui doivent guider son choix.

72. **Comment on trace les courbes de niveau.** — La figure 86 donne des exemples des principaux mouvements de terrain représentés par des courbes de niveau.

On remarquera facilement que parmi les éléments qui

Versant (rive droite) d'une vallée.

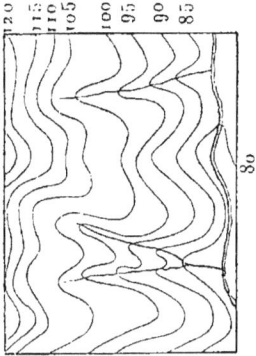

Deux thalwegs et deux croupes.

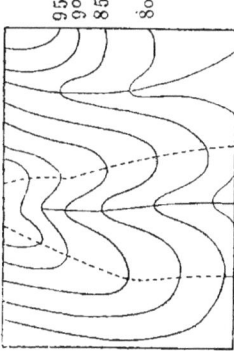

Une croupe.

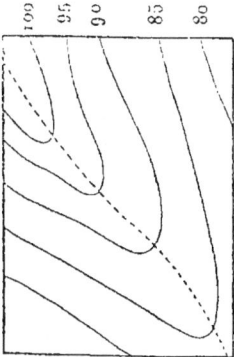

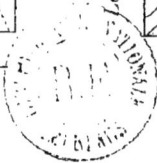

Les deux versants d'une vallée.

Une ligne de crête.

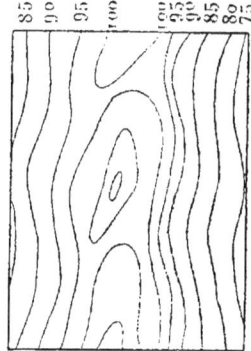

Un col.

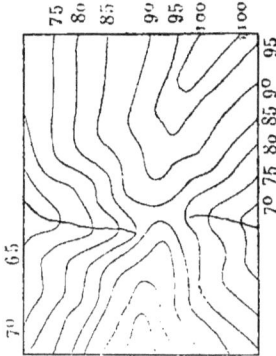

Fig. 86.

déterminent la surface topographique, les cours d'eau et les thalwegs sont des lignes principales ; autour de ces lignes se groupent et se modè-lent les versants, dont les intersections déter-minent les lignes de faîte et les lignes de crête. Ces lignes carac-téristiques constituent la charpente du dessin. Nous savons les lever, les mettre en place et calculer les cotes rondes. Ce travail fait, on passe au dessin des formes, du modelé du terrain au moyen des courbes de niveau.

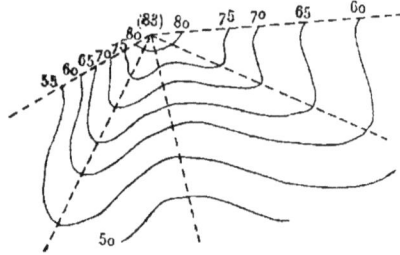

Fig. 87.

Pour modeler les versants on aura soin de commencer par le bas des pentes et d'arriver successivement, de courbe en courbe, jusqu'aux parties dominantes, en se souvenant que le modelé d'un terrain sera d'autant mieux rendu que l'on aura observé et marqué avec plus de soin les lignes de chan-gement de pente.

73. *Courbes maîtresses ; courbes intercalaires. Escar-pements et rochers. Rideaux.* — Dans l'établissement d'un croquis les courbes sont dessinées en traits aussi fins que possible pour ne pas encombrer le dessin et gêner la mise en place des détails de la planimétrie. Mais pour faciliter la lecture du modelé du terrain, on peut forcer une courbe sur 4 ou 5. Ces courbes s'appellent *courbes maîtresses.*

Dans certains plans ou croquis de région présentant des reliefs très peu accusés, il arrive parfois que les courbes sont très écartées et laissent. entre elles un grand espace blanc.

Il peut se faire cependant que le terrain présente une par-ticularité intéressante qu'il importe de signaler, comme dans la figure 88 par exemple. Dans ce cas, l'équidistance étant

de 5 m, on trace des courbes supplémentaires menées de
1 m en 1 m.

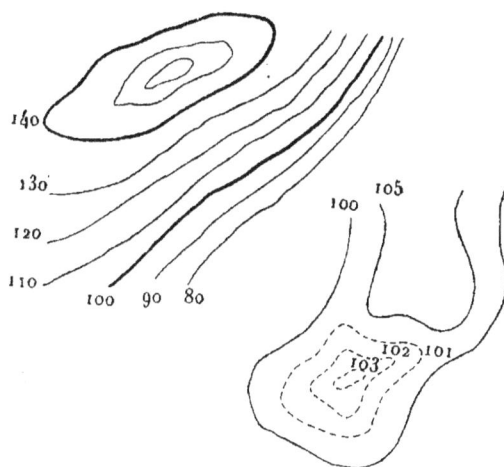

Fig. 88.

Ces courbes, dites *courbes intercalaires,* sont tracées en
pointillé pour les distinguer des courbes ordinaires.

Quand la pente d'un terrain est égale à 45° ou à $\frac{1}{1}$, la dis-

tance horizontale qui sépare deux courbes successives est
précisément égale à
l'équidistance gra-
phique générale-
ment fixée à $\frac{1}{4}$ de
millimètre. Il faut
alors faire passer
quatre courbes sur
une largeur de $\frac{1}{4}$ de

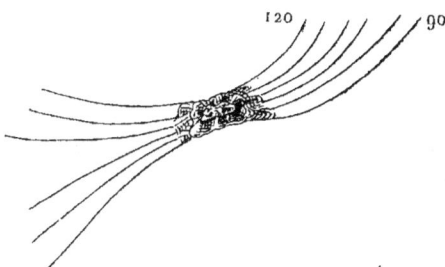

Fig. 89.

millimètre. Le dessin devient fort difficile et impossible
à exécuter quand les pentes sont plus fortes que 45°. On

remplace alors les courbes par un signe conventionnel
(fig. 89) destiné à représenter les escarpements ou les rochers. Les courbes viennent mourir sur l'escarpement : elles
indiquent que la tête de l'escarpement est à la cote 120 et
son pied à la cote 90.

Dans la Somme, les plans au $\frac{1}{5.000}$ remis aux chefs de
section avant l'offensive indiquaient par des traits ren-
forcés des escarpe-
ments, des talus rai-
des, sortes d'arrache-
ments appelés *rideaux*
dans le pays; ce sont
de brusques à-pic, dont
la direction est géné-
ralement perpendicu-
laire à la ligne de plus
grande pente, et qui
interrompent ainsi la
pente régulière du ver-
sant.

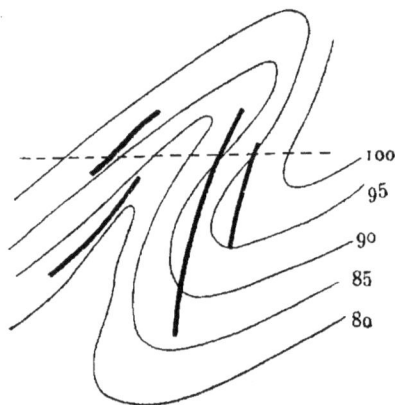

Ces rideaux ren-
daient de grands ser-
vices aux troupes qui
durent progresser sur
les 2 kilomètres qui sé-
parent Curlu de Bou-

Fig. 90.

chavesnes. La marche en avant se fit de talus en talus qui
étaient parfaitement indiqués sur les plans directeurs; les
hommes y creusèrent des abris provisoires, des dépôts de
munitions, dont l'ensemble prit le nom de *talus organisés*.

74. *Comparaison des pentes.* — Soit un plan en courbes
(fig. 91).

Echelle $\frac{1}{5.000}$. Équidistance 5 m.

Quelle est la pente du terrain entre les points $a$ et $b$ ?

En mesurant sur le plan la longueur $ab$ on trouve 18 mm, soit à l'échelle $18 \times 5 = 90$ m.

La différence de niveau entre A et B est égale à l'équidistance, soit 5 m.

La pente sera égale à : $\dfrac{5}{90} = 0,055$.

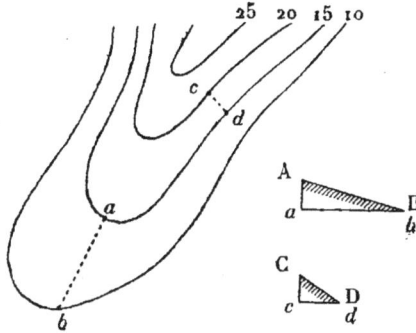

Fig. 91.

Quelle est la pente du terrain $cd$ ?

Sur le plan la longueur $cd$ égale 5 mm, soit à l'échelle $5 \times 5 = 25$ m.

La pente sera égale à : $\dfrac{5}{25} = 0,200$.

Il en résulte que sur un plan en courbes :

1° A une même pente du terrain correspond un même écartement des courbes ;

2° Plus les courbes sont rapprochées, plus la pente du terrain est forte ;

3° Plus les courbes sont écartées, plus la pente du terrain est faible.

75. *Lignes de plus grande pente et de plus petite pente. Lignes caractéristiques du terrain.* — Du point A du terrain partent plusieurs droites AC, AB, AD.

Supposons $ab$, projection de AB, perpendiculaire à deux courbes consécutives 40 et 60. La perpendiculaire $ab$ est plus courte que toute oblique $ad$, $ac$.

La droite AB qui a sur le plan la projection la plus courte sera de toutes les droites du terrain passant par le point A celle qui sera la plus inclinée, soit *la ligne de plus grande pente.*

Par suite toute droite du plan perpendiculaire aux courbes est la projection d'une ligne de plus grande pente.

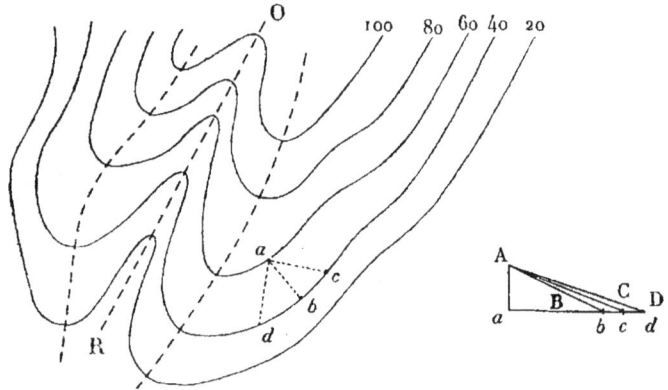

Fig. 92.

Dans tout mouvement de terrain les lignes de faîte et les thalwegs sont des lignes de plus grande pente remarquables, suivant qu'on les considère dans le sens de la montée ou de la descente. Si on descend de O en R, les lignes de faîte sont des lignes de plus petite pente, les thalwegs des lignes de plus grande pente. Au contraire, si on monte de R en O les lignes de faîte sont des lignes de plus grande pente et les thalwegs des lignes de plus petite pente.

Ce sont ces lignes du terrain, thalwegs et lignes de pente, qu'il faut tout d'abord dégager de l'ensemble quand on fait la reconnaissance préalable à tout levé ; c'est pour cette raison qu'on les désigne sous le nom de lignes caractéristiques du terrain.

76. **Exécution d'un profil sur un plan en courbes de niveau. Profil surhaussé.** — Soit un fragment de plan directeur au $\frac{1}{5.000}$ en courbes de niveau ; l'équidistance est de 5 m.

Faire la coupe du terrain suivant la droite AB consiste à supposer un plan vertical, c'est-à-dire perpendiculaire au plan horizontal, passant par la droite AB, à chercher l'intersection de ce plan avec le terrain et à reproduire cette intersection à l'échelle.

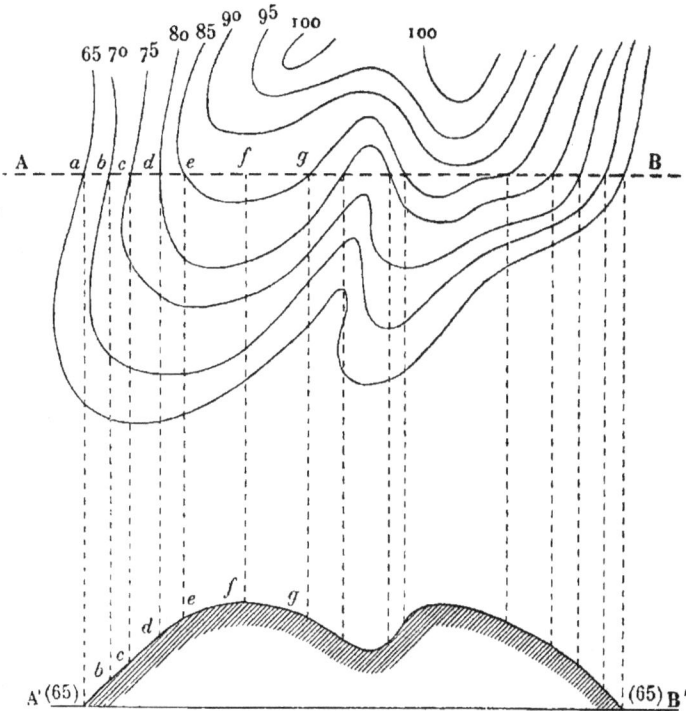

Fig. 93.

Traçons une droite A'B' parallèle à AB.

Cette droite va servir de base à notre travail.

Abaissons successivement les perpendiculaires $bb$, $cc$, $dd$, etc. Le point $b$ du terrain se projette en $b$, le point $c$ en $c$ et ainsi de suite.

Le point $a$ est à la cote 65, le point $b$ est à 5 m plus haut; il sera facile d'obtenir sur le profil la position de chacun des points du terrain ; le graphique de la figure 93 indique mieux qu'une longue explication la façon de procéder.

En pratique, on se heurte souvent à une difficulté ; l'équidistance réelle réduite à l'échelle du plan donne une longueur très petite. Les lignes de construction se confondent ; le dessin devient confus et le profil ne ressort pas nettement.

Ainsi, pour un plan au $\dfrac{1}{5.000}$, l'équidistance est de 5 m, soit à l'échelle du plan 1 mm.

La figure 94 donne un profil fait à l'échelle du plan ; on voit que le profil ainsi obtenu n'est pas assez nettement accusé pour donner des indications utiles.

Profil à l'échelle du $\dfrac{1}{5.000}$.

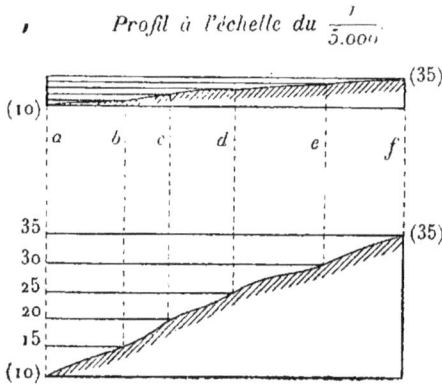

Profil surhaussé 5 fois.

Fig. 94.

On tourne la difficulté de la manière suivante :

Construisons un nouveau profil. 2, sans modifier les distances horizontales, $ab$, $bc$,... $ef$. Mais au lieu de prendre pour les hauteurs verticales 1 mm pour 5 m, multiplions par 5, et prenons 5 mm. Nous aurons un nouveau profil, *cinq fois surhaussé*. Ce que l'on exprimera par l'indication suivante :

*Profil surhaussé cinq fois.*

Échelles $\begin{cases} \dfrac{1}{5.000} \text{ pour les longueurs.} \\ \dfrac{1}{1.000} \quad - \quad \text{hauteurs.} \end{cases}$

. On remarquera que le nouveau profil obtenu est déformé et il faudra tenir compte de cette particularité dans toutes les utilisations que l'on pourrait avoir à faire du profil ainsi dessiné.

77. *Recommandation essentielle.* — Il est excessivement important de s'exercer à faire de nombreux profils sur les cartes ou les plans établis à différentes échelles largement mis à la disposition des chefs de section. On ne sait lire un plan que lorsqu'on peut sans hésitation, à première vue, faire sur ce plan un profil exact du terrain suivant une direction donnée.

C'est à cette condition qu'un chef de section ne connaissant pas le pays, mais ayant entre les mains un plan à grande échelle, peut conduire sa troupe jusqu'au contact avec l'ennemi, en utilisant les couverts, les abris, les cheminements défilés, en un mot tous les moyens, toutes les ressources que lui offre le terrain pour ménager la vie de ses hommes.

78. *Voies de communication. Leur importance ; comment il faut les indiquer sur un croquis de campagne.* — Les voies de communication, routes, chemins, voies ferrées ont une importance capitale au point de vue militaire. Il faut toujours les indiquer sur un croquis de campagne avec le plus grand soin en se conformant aux indications suivantes :

*t :* talus de déblai. Inclinaison : à 45° ou $\frac{1}{1}$ dans la terre ordinaire ;

A $\frac{3}{2}$ dans la terre très dure ;

A $\frac{1}{10}$ dans le rocher.

*t' :* talus de remblai. Inclinaison naturelle des terres à $\frac{2}{3}$.

Les chemins vicinaux ont généralement 6 m de largeur.

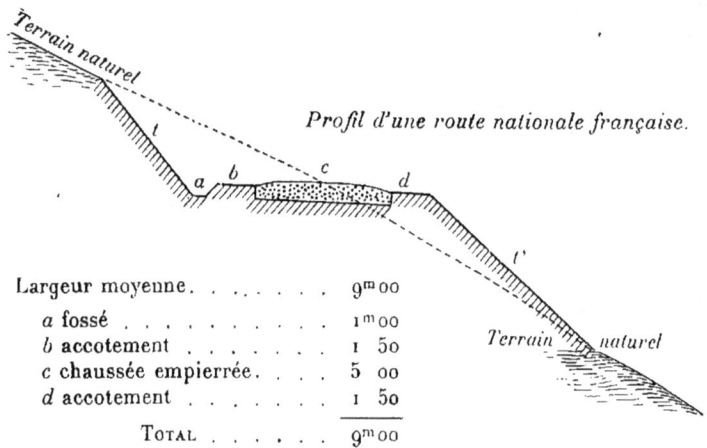

*Profil d'une route nationale française.*

| Largeur moyenne. . . . . . . | $9^m00$ |
|---|---|
| *a* fossé . . . . . . . . . . | $1^m00$ |
| *b* accotement . . . . . . . | 1 50 |
| *c* chaussée empierrée. . . . | 5 00 |
| *d* accotement . . . . . . . | 1 50 |
| Total . . . . . . | $9^m00$ |

Fig. 95.

Pour un officier en reconnaissance, une route est en rampe quand elle monte par rapport à la direction suivie par l'officier ; en pente,

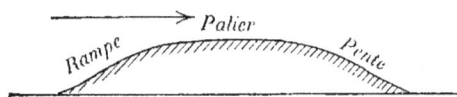

Fig. 96.

quand elle descend ; en palier, quand elle est horizontale.

*Voies ferrées*. — La construction des voies ferrées a souvent exigé des travaux de terrassement importants ; les déblais et les remblais qui en résultent constituent des abris et des couverts d'une grande importance que les croquis de campagne doivent soigneusement indiquer.

La voie ferrée normale a $1^m44$ de largeur, d'axe en axe du rail ; la voie étroite, 1 m d'axe en axe ; la voie Decauville, 5o cm ou 6o cm.

79. — Il existe enfin des signes conventionnels à employer

obligatoirement pour les croquis au $\frac{1}{5.000}$ et aux échelles

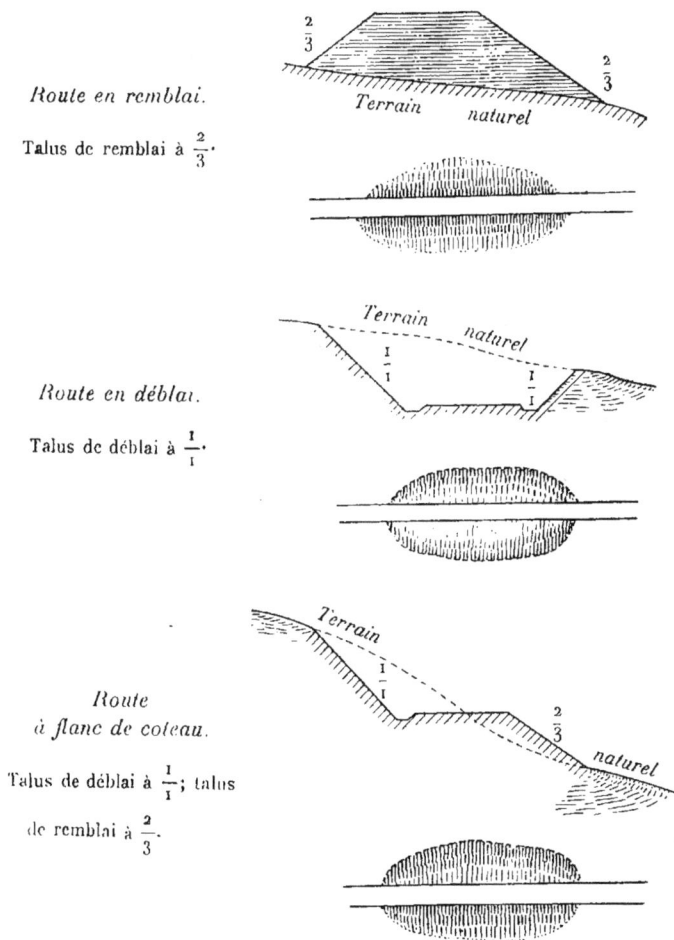

*Route en remblai.*

Talus de remblai à $\frac{2}{3}$.

*Route en déblai.*

Talus de déblai à $\frac{1}{1}$.

*Route*
*à flanc de coteau.*

Talus de déblai à $\frac{1}{1}$; talus

de remblai à $\frac{2}{3}$.

Fig. 97.

plus grandes qui accompagnent les comptes rendus et les rapports. Ils s'appliquent principalement aux travaux de

défense français et allemands et aux travaux et organes
divers d'un terrain aménagé.

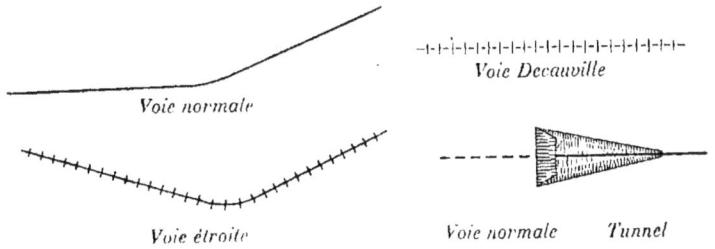

*Voie normale*

*Voie Decauville*

*Voie étroite*

*Voie normale*          *Tunnel*

Fig. 98.

### Exercices pratiques.

1° Faire sur des plans d'échelles variables des profils
suivant une direction donnée ;

2° Sur un plan, faire un profil à vue ; dessiner le même
profil par la méthode régulière ; comparer les résultats.

# CHAPITRE VIII

## COMMENT ON EXÉCUTE UN CROQUIS DE CAMPAGNE

80. — Tout chef de section en campagne doit savoir exécuter un croquis exact se rattachant à une opération militaire déterminée, donnant pour une position indiquée tous les renseignements utiles, relief, commandement, crête militaire, angles morts, lignes de défilement, points pouvant être utilisés comme observatoires d'artillerie ou d'infanterie, etc., etc.

Si dans un mouvement de progression, il est arrêté par une résistance subite, nid de mitrailleuses oublié par exemple, il doit rendre compte et envoyer un croquis indiquant sa situation le plus clairement possible. J'ai donné, en tête de cet ouvrage, une liste, incomplète d'ailleurs, de toutes les circonstances où un chef de section est obligatoirement tenu de fournir un croquis détaillé.

Le chef de section possède maintenant toutes les connaissances théoriques et pratiques qui lui sont nécessaires pour exécuter les croquis exigés; il me reste seulement à lui donner quelques conseils pour leur application à toutes les exigences de la guerre et à lui enseigner la mise au point, la mise en œuvre de tout ce qu'il a appris jusqu'ici.

81. *But à atteindre.* — Quelle que soit la reconnaissance ou la mission dont il a été chargé, le chef de section a des ordres précis.

Il doit avant tout s'en pénétrer et bien comprendre la nature des renseignements qu'il doit rapporter, les particularités qu'il doit mettre en évidence. Il doit se demander : Que veut-on savoir ? Quel point douteux veut-on élucider ? Sur quelles particularités veut-on être plus spéciale-

ment renseigné? ou bien quels renseignements dois-je
envoyer pour que ma situation soit exactement connue?
sur quel point important dois-je attirer l'attention? Ceci
fait, il verra suivant l'urgence, suivant le temps dont il
dispose, suivant les facilités qu'il a de parcourir le terrain,
s'il doit faire un levé expédié ou un levé à vue, ou com-
biner les deux systèmes pour remplir de son mieux la
mission qui lui a été confiée ; sa décision étant prise, il
fixera tout d'abord l'échelle et l'équidistance du croquis
qu'il veut exécuter.

82. *Généralisation du terrain. Reconnaissance préalable.* — Quel que soit le genre de levé à exécuter, l'officier devra dans tous les cas exécuter une reconnaissance
préalable : elle portera sur le nivellement et la planimétrie.

Pour le nivellement, il cherchera surtout à analyser le
terrain, à le définir, à dégager des détails de l'ensemble les
lignes caractéristiques, lignes de faîte et lignes de thalweg,
leur position relative ; c'est là le point essentiel, le point
capital.

Pour la planimétrie, il distinguera et il classera suivant
leur importance les voies de communication, les croise-
ments, les maisons, les fermes isolées, les lisières de bois,
les agglomérations, les arbres remarquables pouvant servir
de points de repère, etc.

Une recommandation essentielle est de ne pas se laisser
absorber par les détails ; il faut généraliser, c'est-à-dire, en
fait de détails de nivellement ne conserver que ce qui est
compatible avec l'échelle et l'équidistance adoptées, et en
planimétrie réduire à leur juste valeur des détails négligeables.

Prenons un exemple. En planimétrie, soit un corps de
bâtiment d'une certaine importance (fig. 99).

Il est facile de voir que, suivant l'échelle adoptée, il faudra maintenir ou élaguer certains détails.

En nivellement, un masque de 7 m de relief sera coupé

par deux plans horizontaux et sera déterminé par deux courbes sur le croquis si l'équidistance est de 5 m. Il ne

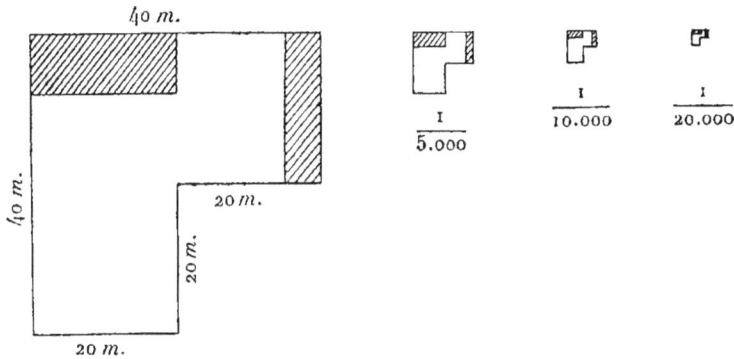

Échelle :  $\dfrac{1}{1.000}$

Fig. 99.

sera coupé que par un plan et déterminé que par une seule courbe si l'équidistance est de 10 m; il pourra même ne pas être indiqué si l'équidistance est de 20 m.

Il faut donc s'habituer sur le terrain à voir grand, en élaguant toutes les minuties pour faire ressortir l'ensemble et les points importants; pour arriver à ce résultat, l'officier doit toujours

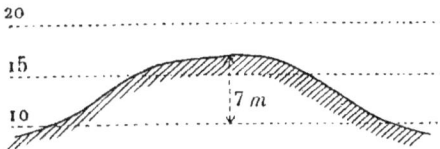

Fig. 100.

avoir à l'esprit les ordres reçus et le but à atteindre, l'échelle et l'équidistance du croquis qu'il va établir.

83. *Croquis expédié. Canevas.* — La reconnaissance terminée, l'officier établira par la pensée son canevas, qui sera la base, l'ossature du travail; quel que soit le degré

d'habileté d'un opérateur, le croquis sera bon si le canevas est judicieusement tracé; il sera mauvais si le choix du canevas est défectueux.

En règle générale, le canevas sera constitué par un ou plusieurs poly-gones accolés; les polygones se-ront fermés pour permettre les vé-rifications et la correction des er-reurs de ferme-ture en nivelle-ment et en plani-métrie.

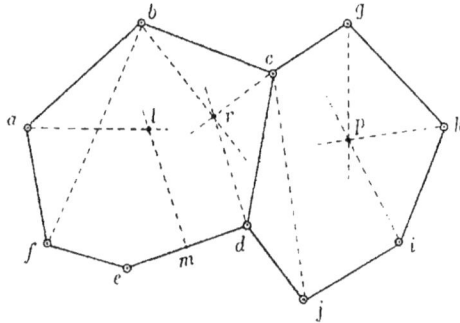

Fig. 101.

Les côtés du polygone seront autant que possible dirigés suivant les lignes caractéristiques du terrain; sur cette ossature les détails seront placés au moyen de diagonales ou de traverses ou bien levés par intersection.

*abcdef, cghijd* sont des polygones fermés constituant le canevas (fig. 101). *bf, cj* sont des diagonales; *alm* est une traverse. Les points *p* et *r* ont été obtenus par intersection.

Les figures 102, 103, 104 donnent des exemples de canevas.

Dans la figure 102, il s'agit de lever deux croupes et deux thalwegs. Le canevas comporte deux polygones acco-lés ABCDEFGH et BCDKJI; les détails sont levés par les traverses indiquées en pointillé.

La figure 103 représente un col. Nous avons pour base deux polygones jointifs. Les traverses sont menées des deux points culminants *a* et *o*.

La figure 104 donne une tranchée dont il faut lever les abords. La tranchée ABCDE servira de base. On lèvera successivement les profils A*a*, B*a*, B*b*, B*c*... comme il a été indiqué aux n°s 33 et 34.

84. — La tenue des carnets est d'une extrême importance ; les inscriptions doivent toujours être faites dans le

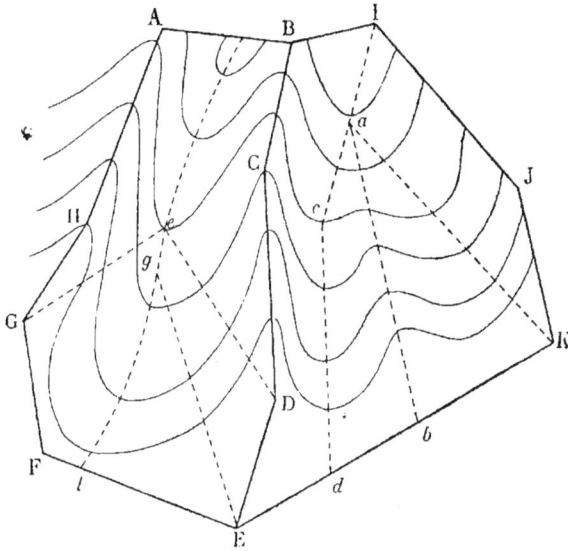

Fig. 102.

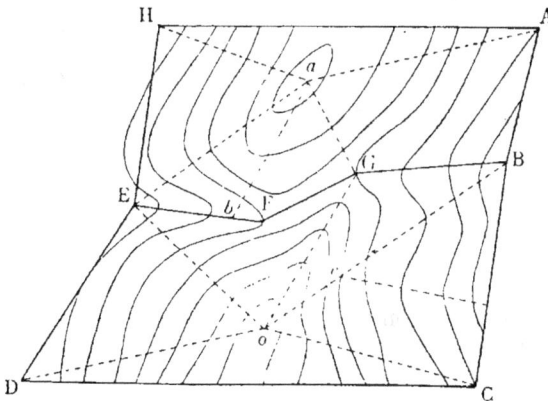

Fig. 103.

même ordre, avec clarté et méthode suivant le modèle indiqué (58 et 59).

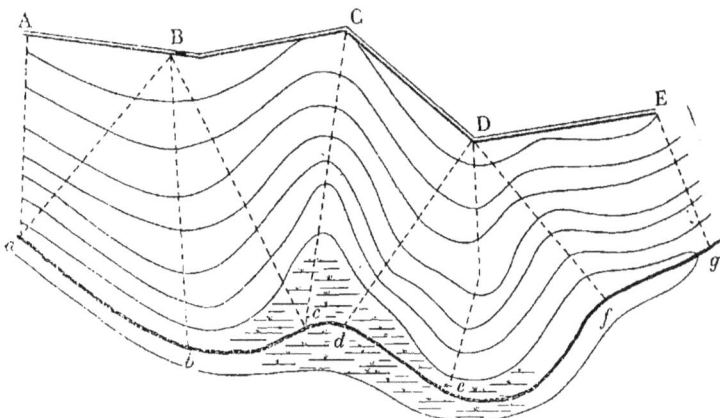

Fig. 104.

L'établissement du croquis à vue doit sur le carnet marcher de pair avec l'avancement du travail sur le terrain et les inscriptions au carnet. Au lieu d'écrire des indications telles que ligne de faîte, thalweg, qui surchargeraient inutilement le croquis, il vaut mieux indiquer par quelques traits la direction des courbes sur les lignes caractéristiques, en les amorçant par quelques coups de crayon comme l'indique la figure 105.

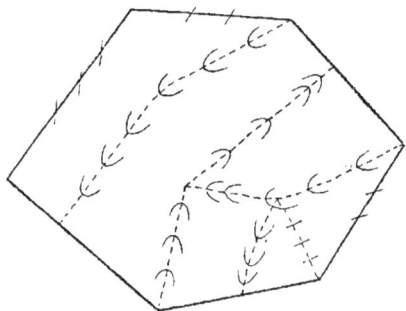

Fig. 105.

Pour bien tenir un carnet, il faut se souvenir de ce principe qu'en topographie de campagne l'ordre et la méthode sont des qualités essentielles et qu'il faut constamment lutter contre l'esprit d'à peu près et l'esprit de négligence. En résumé, les opérations sur le terrain comprennent :

1° Des mesures de longueur au pas ;

2° Des mesures d'angles avec la boussole ;

3° Des mesures de pente avec un niveau de fortune.

Nous savons effectuer toutes ces opérations ; nous savons de plus inscrire sur le carnet toutes les mesures prises sur le terrain. Il ne nous reste plus qu'à mettre en œuvre les matériaux recueillis en exécutant le report.

**85. Report du travail.** — Avant de commencer le report toutes les vérifications et tous les calculs de cote doivent être faits sur le carnet (59). Ce travail achevé, la marche à suivre est la suivante :

1° Orienter la feuille de report (nord magnétique, ou nord géographique si la déclinaison est connue) ;

2° Reporter les polygones de base ; faire les corrections de fermeture en planimétrie et en nivellement ;

3° Reporter les traverses et les points obtenus par inter-section ;

4° Chercher le passage des courbes à cote ronde sur les différentes lignes d'opération (côtés du polygone, diagonales et traverses) ;

5° Porter les détails de planimétrie ;

6° Tracer les courbes suivant l'équidistance choisie ;

7° Porter sur le croquis les indications réglementaires.

Nous savons effectuer toutes ces opérations que nous avons étudiées en détail. Si le débutant veut s'astreindre à suivre rigoureusement la marche que nous avons recommandée et les indications que nous avons données pour chacune de ces opérations, il peut être certain qu'après quelques essais il sera capable d'établir des croquis pouvant donner au commandement des renseignements toujours utiles, quelquefois d'une grande importance.

**86. Levé à vue.** — L'officier est au contact de l'ennemi ;

il ne dispose que d'un temps relativement court, il ne peut parcourir tout le terrain, le renseignement qu'il doit fournir est demandé d'urgence ; il se décide à établir un levé à vue qu'il joindra à son compte rendu ou à son rapport.

Comment doit-il procéder ?

La marche à suivre est la suivante :

1° Se placer en un point d'où on puisse voir tout le terrain : en faire de ce point une reconnaissance rapide, un tour d'horizon ;

2° Faire franchement face au terrain et orienter avec la boussole la feuille de papier sur laquelle on va dessiner ;

3° Tracer à vue sur le croquis la direction des points principaux en prenant leur azimut. Évaluer leur distance du point d'observation, et placer ces points sur le croquis ;

4° Dégager de l'ensemble les lignes caractéristiques du terrain ; placer à vue leur direction en se servant comme repères des points principaux déjà placés ;

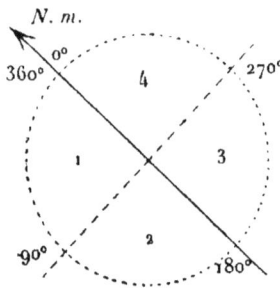

Fig. 106.

5° Se fixer la cote d'un point remarquable bien visible et la prendre pour cote initiale ; se fixer l'équidistance à adopter ; coter à vue, par comparaison avec le point d'origine, les points remarquables et les lignes caractéristiques ;

6° Faire passer les courbes à l'équidistance choisie ;

7° Inscrire les indications réglementaires.

Des moyens pratiques peuvent faciliter quelques-unes de ces opérations.

La boussole donne rapidement l'azimut, c'est-à-dire la direction du point visé. Pour rapporter un azimut, il faut se rappeler la théorie des quadrants (13).

$$\text{Un azimut de } 300° = 270° + 30°$$
$$— \qquad 135° = 90° + 45°$$
$$— \qquad 240° = 180° + 60°$$
$$— \qquad 345° = 360° - 15°$$

$$\text{Un angle de } 15° = \text{le } \frac{1}{6} \text{ du quadrant}$$

$$— \qquad 30° = \text{le } \frac{1}{3} \qquad —$$

$$— \qquad 45° = \text{la } \frac{1}{2} \qquad —$$

$$— \qquad 60° = \text{les } \frac{2}{3} \qquad —$$

Avec un peu d'attention on peut rapporter à vue un azimut assez exactement.

87. — Si l'on peut apercevoir du point choisi pour point d'observation le profil d'une ligne de crête, d'une ligne de faîte, d'une ligne caractéristique du terrain, on pourra en faire la silhouette en opérant de la façon suivante :

Soit une ligne de faîte AB qu'il faut relever sur un croquis au $\frac{1}{5.000}$ ; on prendra comme point de repère l'arbre en C et on supposera qu'il est à la cote 80 (fig. 107).

Sur une droite $bd$ représentant à l'échelle du $\frac{1}{5.000}$ la base AD plaçons à vue, ou par intersection si c'est possible, l'arbre C servant de repère et traçons aussi exactement que possible, en procédant par comparaison, la silhouette AB telle qu'elle apparaît à nos yeux. Ceci fait, menons par l'arbre C une horizontale que nous coterons 80, cote prise arbitrairement pour l'arbre C.

Portons sur la verticale des longueurs égales à l'équidistance, soit 1 mm ; traçons les horizontales correspondantes, ces lignes détermineront sur la silhouette les points de passage des courbes à cote ronde que l'on portera ensuite sur le croquis. Ce travail, que nous avons simplement ébauché sur la figure 107, sera très rapidement fait sur le terrain si on dispose d'une feuille de papier quadrillé au millimètre.

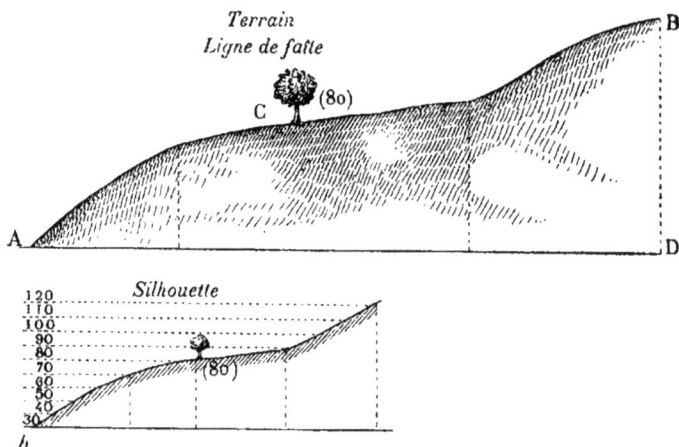

Fig. 107,

88. — Il serait très utile d'avoir sur le croquis à vue quelques distances suffisamment approchées qui serviraient à reporter les autres longueurs par comparaison. Il sera bien rare que l'on ne puisse pas se déplacer et apercevoir un point remarquable du terrain, un arbre par exemple de deux points accessibles. On procédera alors rapidement par intersection.

Soit l'arbre A visible des points accessibles C et D.

En C prendre l'azimut de CA et de CD ;

Mesurer CD au pas ; en D prendre l'azimut de DA.

$$\text{Azimut CA} = 298°$$
$$— \quad \text{CD} = 256°$$
$$— \quad \text{DA} = 15°$$
$$\text{Longueur CD} = 96 \text{ doubles pas.}$$

Sur un bout de papier quadrillé tracer une droite représentant la direction du nord magnétique ; par un point c faire un azimut égal à 298°, un azimut égal à 256°; sur cette direction porter à l'échelle du $\frac{1}{5.000}$ la longueur représentée par 96 doubles pas, soit 32 mm; en $d$ faire un azimut égal à 15°. On a le point A par intersection et à l'échelle du croquis les longueurs AC et AD. Par conséquent si le terrain à lever peut être vu de deux points accessibles C et D, dont on peut mesurer la distance au pas, il ne faudra pas hésiter à déterminer par intersection la position de quelques points remarquables, la corne

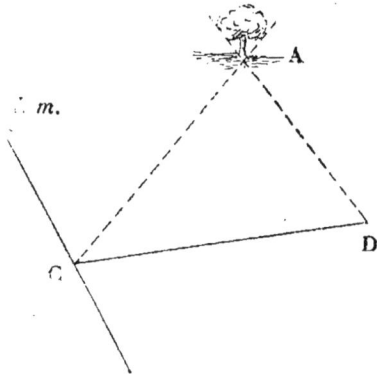

Fig. 108.

d'un bois, une maison, le point culminant d'une crête, points qui serviront de repères pour placer les détails. En nivellement, on pourra pour certains points placés par intersection donner un coup de niveau à perpendicule qui permettra d'avoir approximativement la cote du point visé. En plaçant ces points sur les silhouettes on aura des repères de nivellement qui permettront de serrer de plus près le

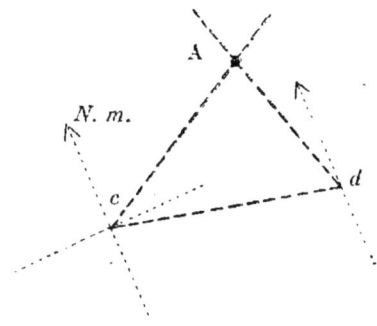

Fig. 109.

profil du terrain. On obtiendra par ces procédés un croquis donnant d'utiles renseignements et tenant le milieu pour l'exactitude entre le croquis expédié dont tous les éléments ont été mesurés sur le terrain et le croquis à vue dont tous les éléments ont été appréciés à l'estime.

89. — L'usage de la règle graduée peut être très utile dans l'exécution d'un levé à vue.

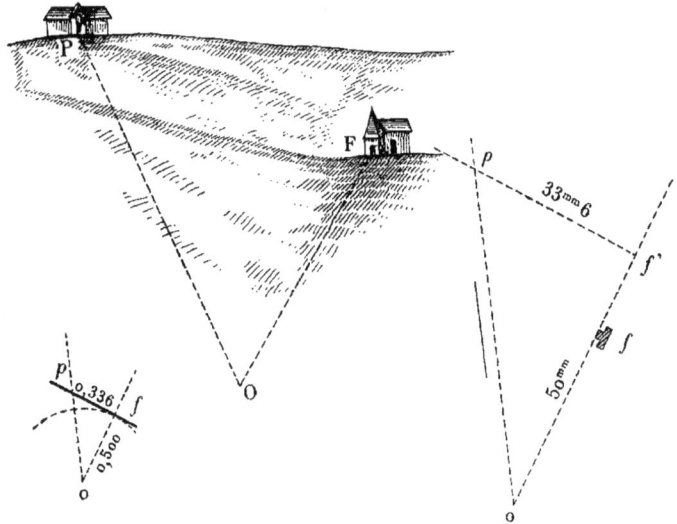

Fig. 110.

L'officier est en O, point qu'il a choisi pour observer le terrain et d'où il a dessiné son croquis. De ce point, il voit le point remarquable F qu'il a déjà porté sur son croquis (fig. 110) et le point P qu'il veut y placer en se servant du point F comme repère.

Il vise avec la règle le point F et le point P et il marque les divisions affleurées par les deux visées, soit 6 mm pour la visée OF et 342 mm pour la visée OP.

La différence 342 — 6 = 336 mm.

Nous avons donc dans le triangle $ofp$ le rapport :

$$\frac{pf}{of} = \frac{0,336}{0,500} = \frac{336}{500},$$ qu'il s'agit de reporter sur le croquis.

Le point $o$ et le point $f$ sont déjà placés sur le croquis ; joignons $of$ ; sur cette droite portons une longueur de 50 mm, $of'$ ; en $f'$ élevons à la main une perpendiculaire, portons $33^{mm}6$ en $p'$ ; joignons $op'$.

Nous avons ainsi sur le croquis, sans aucun calcul, la direction du point P.

On pourra du point O faire un tour d'horizon et prendre la direction de tous les points remarquables visibles en ayant bien soin d'opérer de proche en proche comme l'indique la figure 111. Elle montre clairement comment l'opérateur doit déplacer la règle pour faire successivement face aux points qui servent de repère ; A sert à lever B, B sert à lever C et ainsi de suite de proche en proche.

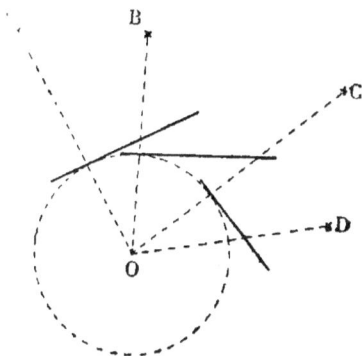

Fig. 111.

90. — La règle peut être aussi employée pour calculer la cote d'un point dont on a évalué soit par intersection, soit à l'estime, la distance du point d'observation.

Soit A un point remarquable dont la distance au point d'observation O est égale à 380 m.

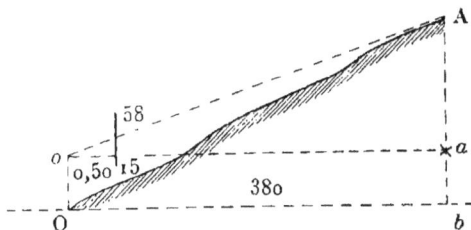

Fig. 112.

L'officier se place en O, tient la règle verticale et vise le point A. Il marque les graduations affleurées par les deux lignes de visée, soit 15 pour la visée horizontale et 58 pour la visée OA. La différence est 58 — 15 = 43.

Nous avons le rapport : $\dfrac{0,043}{0,500}$

En multipliant par 2 nous aurons :

$$\frac{0,086}{1} = 0,086.$$

La pente de l'oblique AO est de 86 mm par mètre, c'est-à-dire que pour 1 m de base, on a 86 mm de hauteur ; pour 380 m de base on aura :

$$0,086 \times 380 = 32^m 68.$$

Le point A est à $32^m 68$, soit 33 m au-dessus du point d'observation O ; il faudrait ajouter à cette longueur la hauteur de l'œil de l'observateur au-dessus du sol. Mais dans les levés à vue on néglige ce détail de minime importance.

91. — On voit qu'avec un peu d'habitude et d'ingéniosité, les difficultés qui pour un débutant pouvaient paraître insurmontables, se tournent assez facilement. Il faut avoir le désir de bien faire et confiance en soi ; il faut s'exercer sur le terrain le plus souvent possible en se souvenant que pour bien voir et bien comprendre la valeur militaire d'une position, il faut donner à l'œil une éducation constante et raisonnée et que plus habile on sera dans l'exécution d'un levé régulier, plus exactement et plus rapidement on fera un levé à vue.

# CHAPITRE IX

## LE PLAN DIRECTEUR AU $\frac{1}{5.000}$

## ET LE CARNET DE COMPTES RENDUS

92. — Le plan directeur au $\frac{1}{5.000}$ ou croquis au $\frac{1}{5.000}$, est remis dans l'infanterie à tous les échelons jusqu'au chef de section inclus. Dans tous les cas le plan devra être distribué aux troupes suffisamment à temps pour qu'il puisse être bien étudié et complété sur le terrain avant l'exécution des attaques au cours desquelles il devra être employé.

*Surfaces envisagées.* — Le plan directeur au $\frac{1}{5.000}$ est poussé à 2 ou 3 km environ dans les lignes ennemies de façon à donner à l'infanterie tous les renseignements qui l'intéressent directement. Dans nos lignes il s'étend à 500 m ou à 1 km de manière à comprendre les points de repère indispensables pour l'emploi du plan sur le terrain.

93. **Renseignements donnés par le plan directeur.** — En ce qui concerne le terrain :

Le terrain est représenté en courbes de niveau; l'équidistance réelle est de 5 m. Le plan directeur est un croquis d'attaque *qui fournit une image expressive du terrain.* Il donne au chef de section d'infanterie le moyen de reconnaître tous les points caractéristiques du terrain qu'il a devant lui, d'y découvrir et d'y situer des points de direction, d'y étudier des cheminements. S'il sait lire son plan et se servir de sa boussole le chef de section peut connaître, repérer, identifier tous les éléments intéressants de la défense ennemie, les couverts, les obstacles divers.

*L'artillerie emploie également ce plan pour assurer la liaison intime avec l'infanterie, pour préparer et exécuter ses actions en accord avec elle et d'après ses besoins.* En ce qui concerne la planimétrie, le croquis indique tous les renseignements ordinairement portés sur les plans à grande échelle : points géodésiques d'une importance capitale pour l'artillerie ; chemins de fer, routes, chemins et sentiers, canaux, cours d'eau, ponts, constructions, maisons, bois, jardins, etc. Dans certains cas, on porte les limites de cultures bien apparentes qui peuvent être utiles pour l'observation et le tir de l'artillerie.

En ce qui concerne l'ennemi le plan indique : l'ensemble des détails obtenus par l'étude et l'interprétation des photographies d'avions ; tous les renseignements recueillis par *l'infanterie aux tranchées de première ligne,* par *l'artillerie, de ses observatoires.*

Il donne en outre de très nombreuses indications sur l'organisation ennemie : réseaux de fils de fer, chevaux de frise, abris de mitrailleuses, lance-bombes, abris pour le personnel et les munitions, etc.

Le contour des tranchées françaises de première ligne est également porté sur le croquis au $\frac{1}{5.000}$ de manière très détaillée. Pour utiliser commodément ce plan, le chef de section doit prendre de nombreux points de repère lui permettant de se situer avec précision.

94. *Numéro d'ordre et titre.* — Chaque feuille reçoit un numéro d'ordre et un titre ; ce titre est un nom de localité se rapportant à l'endroit le plus important de la région. Une date y est également inscrite ; c'est celle à laquelle remontent les derniers renseignements exploités pour l'établissement du croquis.

Exemples :

Fleury — 316 — 5 août 1916.
Sud de la Somme — 3 — 21 juillet 1916.


95. *Orientation*. — Le croquis porte un quadrillage sur
lequel nous reviendrons tout
à l'heure. Des flèches de direction pour le nord vrai et
le nord magnétique sont
figurées bien en évidence,
avec l'indication en grades
et décigrades des angles que
font ces directions avec les
lignes du quadrillage parallèles au méridien d'origine.

AB, ligne du quadrillage
parallèle au méridien d'origine.

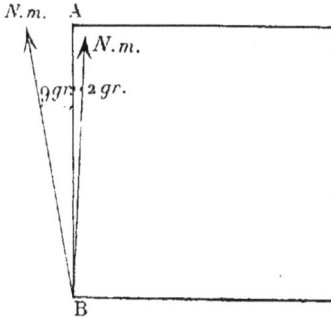

Fig. 113.

Flèches d'orientation :
Nord vrai 2 grades ;
Nord magnétique 9 grades.


96. *Noms et appellations*. — L'expérience de la guerre
actuelle a montré que pour assurer dans les meilleures
conditions possibles l'emploi du plan directeur sur le terrain, il convenait de multiplier à l'extrême les noms et les
désignations.

Tous les éléments importants de la planimétrie ou du
relief doivent recevoir des appellations, principalement
dans les lignes ennemies. Les noms adoptés sont ceux de la
carte d'État-Major ou du cadastre, ou encore des noms
nouveaux donnés dans les secteurs et d'un usage devenu
courant; enfin, à leur défaut, des noms arbitraires.

Quelques-unes de ces appellations sont devenues célèbres : tranchée des Saules, tranchée des Vandales, tranchée des Berlingots, par exemple.

**97. *Quadrillage ou carroyage. Désignation des objectifs.*** — Les plans directeurs doivent être établis pour tout le théâtre d'opérations occidental dans un même système de projection ; celui adopté est la projection dite de Lambert avec laquelle on peut représenter sur le plan toute la région Nord-Est (France, Belgique, Allemagne) sans déformation sensible soit sur les angles, soit sur les longueurs.

Le quadrillage ou carroyage porté sur les croquis au $\frac{1}{5.000}$ est établi en conformité avec le système de projection Lambert. Le quadrillage est kilométrique, c'est-à-dire que chaque côté des carrés tracés sur le plan vaut 1 km ; ces carrés sont quelquefois divisés en cinq, chacun des petits côtés vaut alors 200 m.

Un chef de section qui reçoit un exemplaire d'un croquis au $\frac{1}{5.000}$ doit tout d'abord s'assurer de l'orientation et ensuite de la longueur que représentent les côtés des carrés qui forment le quadrillage.

Soit le quadrillage d'un plan directeur (fig. 114).

On appelle *abscisse* la longueur comptée suivant l'horizontale qui s'appelle axe des $x$.

On appelle *ordonnée* la longueur comptée suivant la verticale qui s'appelle axe des $y$. L'abscisse et l'ordonnée constituent *les coordonnées* d'un point ou d'un objectif.

$$\text{Coordonnées du point A} \begin{cases} \text{abscisse : } Oa \\ \text{ordonnée : } Oa'. \end{cases}$$

Les abscisses sont comptées de gauche à droite ; les ordonnées de bas en haut. Il est évident que si la position du point O, point d'intersection de l'axe des $x$ et de l'axe

des *y*, est connue, il suffira de porter à partir du point O
vers la droite l'ab-
scisse O*a* et d'élever
une perpendicu-
laire ; à partir du
même point de por-
ter de bas en haut
l'ordonnée O*a'*. Le
point A sera donné
par l'intersection
des coordonnées.

98. — Par suite,
pour désigner un
point du croquis en
se servant du car-
royage, il faudra

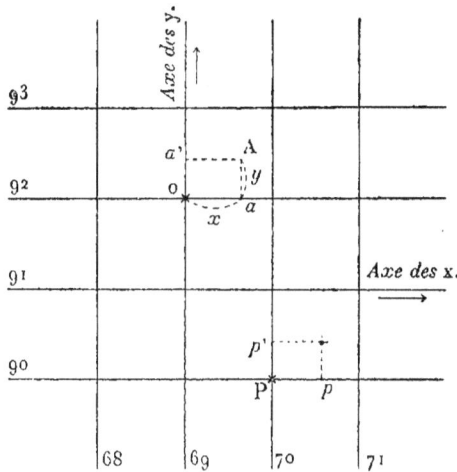

Fig. 114.

obligatoirement procéder de la façon suivante :

1° Les coordonnées sont toujours énoncées dans l'ordre
abscisse, ordonnée.

La règle ne souffre pas d'exception ;

2° Déterminer les coordonnées de l'angle sud-ouest du
carreau dans lequel se trouve le point A dont on veut déterminer la position.

Le carroyage est kilométrique.

Par conséquent, nous aurons :

Coordonnées de l'angle O $\left\{ \begin{array}{l} \text{abscisse : 69 km — 69.000 m} \\ \text{ordonnée : 92 km — 92.000 m ;} \end{array} \right.$

3° Mesurer au double décimètre :

L'abscisse O*a* = 560 m
L'ordonnée O*a'* = 410 m

et les ajouter aux coordonnées de l'angle sud-ouest. Nous
avons donc :

Coordonnées du point A $\left\{ \begin{array}{l} \text{abscisse : 69.000 + 560 = 69.560} \\ \text{ordonnée : 92.000 + 410 = 92.410} \end{array} \right.$

Ces coordonnées exprimées en mètres s'appellent coordonnées métriques ; généralement les coordonnées sont hectométriques, c'est-à-dire exprimées en hectomètres.

Nous aurons donc dans ces conditions :

Coordonnées du point A $\begin{cases} \text{abscisse } 696 \\ \text{ordonnée } 924 \end{cases}$

Dans ce cas, on force d'une unité quand le chiffre supprimé des décamètres est supérieur à 5.

Le point A sera donc déterminé par le nombre 696.924.

Mais une autre simplification est quelquefois possible. Supposons que sur la même feuille le numérotage des carreaux aille de 90 à 99 pour les ordonnées et de 60 à 69 pour les abscisses. Dans ce cas, il ne peut y avoir indétermination sur le chiffre exprimant les dizaines de kilomètres ; on peut donc le supprimer sans inconvénient et l'objectif sera alors désigné par le nombre simplifié 9624.

99. — L'opération inverse s'effectuera en appliquant les mêmes règles.

Un chef de section reçoit l'ordre de surveiller tout particulièrement l'objectif 706.903. Comment fera-t-il pour situer sur son plan directeur l'objectif ainsi désigné ?

L'abscisse est toujours désignée la première.

Par conséquent, on aura d'abord :

Abscisse 706
Ordonnée 903.

Les coordonnées sont hectométriques.

Cherchons les coordonnées de l'angle sud-ouest du carreau dans lequel l'objectif doit se trouver :

Abscisse de l'angle 70
Ordonnée — 90

L'angle se trouve donc en P à l'intersection de l'axe des $x$ marqué 70 et l'axe des $y$ marqué 90.

A partir de P portons P*p* égal à 600 m à l'échelle ; P*p'* égal à 300 m ; élevons des perpendiculaires. Au point d'intersection nous avons l'objectif désigné.

100. — Il faut remarquer, comme l'indique le *Manuel du Chef de section,* que la désignation par coordon- nées hectométriques n'est pas très précise, puis- qu'on ne tient compte que des hectomètres : on in- dique seulement une ré- gion de 100 m de côté dans laquelle se trouve l'objectif cherché qui peut se trouver en A aussi bien qu'en A'. Or 100 m $\times$ 100 m $=$ 10.000 m² ou

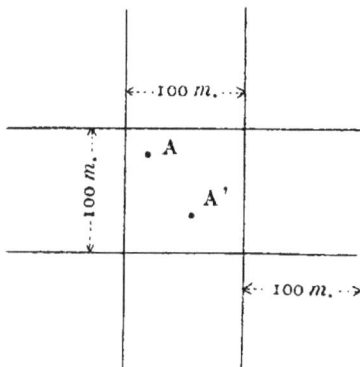

Fig. 115.

1 hectare ; on voit donc que cette manière de désigner un point sur le croquis au $\frac{1}{5.000}$ est trop peu précise pour

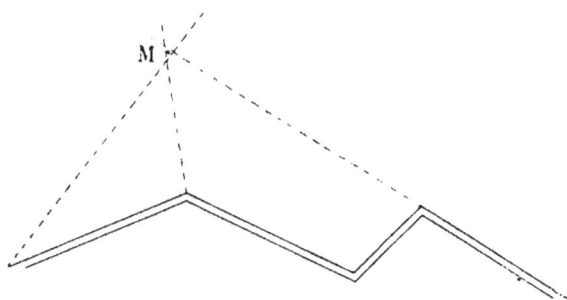

Fig. 116.

donner à l'artillerie *la position exacte d'un nouvel objectif reconnu avec précision* par un observateur d'infanterie et non encore placé.

Supposons qu'un chef de section placé en première ligne ait reconnu par intersection (fig. 116) l'emplacement d'un abri de mitrailleuses en prenant de trois points de la tranchée l'azimut de l'abri ennemi.

Il n'enverra pas comme renseignement à communiquer à l'artillerie les coordonnées hectométriques du nouvel objectif; mais il fera un calque de son plan directeur, y placera les trois points d'où il a fait ses visées, tracera les azimuts qu'il a levés, et marquera ainsi nettement la position du nouvel objectif.

C'est ce croquis qu'il devra joindre à son compte rendu.

101. — Les détails qui précèdent indiquent au chef de section toute l'importance du croquis au $\frac{1}{5.000}$ et le devoir qui s'impose à lui de se mettre rapidement en mesure de tirer parti de l'excellent instrument de travail qu'il a entre les mains.

Le chef de section doit tout d'abord apprendre à lire son plan, c'est-à-dire à faire sans hésitation, à première vue, un profil du terrain dans une direction donnée. Ce premier résultat obtenu il pourra étudier toutes les particularités que présentent le terrain, les obstacles, les couverts, les zones défilées des vues de l'ennemi, les zones dangereuses, repérer exactement les points principaux du paysage qui lui serviront à diriger son feu en cas d'attaque, les angles morts qu'il faudra battre avec les V. B., et surtout étudier d'avance sur le plan, de courbe en courbe, et ensuite sur le terrain, les cheminements qui lui permettront de se porter en avant avec le minimum de pertes.

Prenons un exemple :

L'ennemi est dans la direction de l'ouest (fig. 117); un chef de section est en A, abrité des vues de l'ennemi; il reçoit l'ordre de porter sa section sur la route, en B. Le chef de section doit en quelques minutes étudier sur son plan l'itinéraire à suivre et l'indiquer à ses chefs de demi-

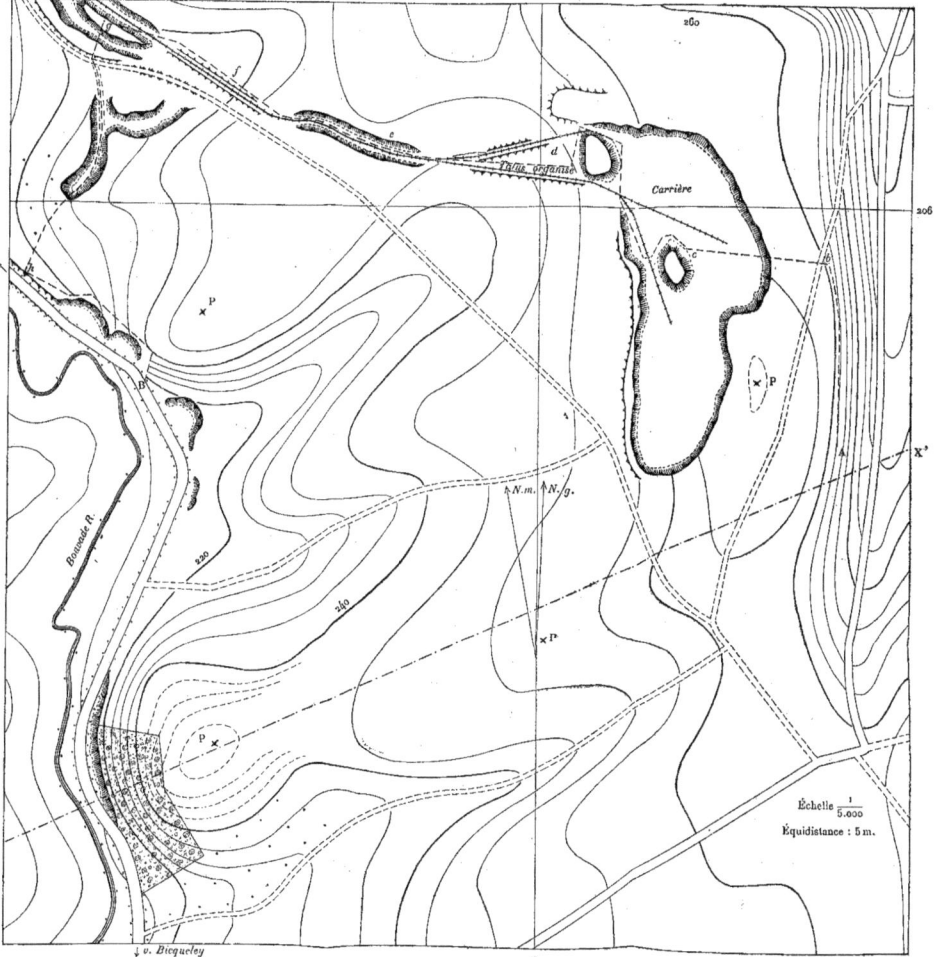

Carrière

Voul

Boundie R.

↑ N.m. ↑ N.g.

Échelle $\frac{1}{5.000}$

Équidistance : 5 m.

↓ v. Bicqueley

*Fig. 117.*

*Profil surhaussé 10 fois*

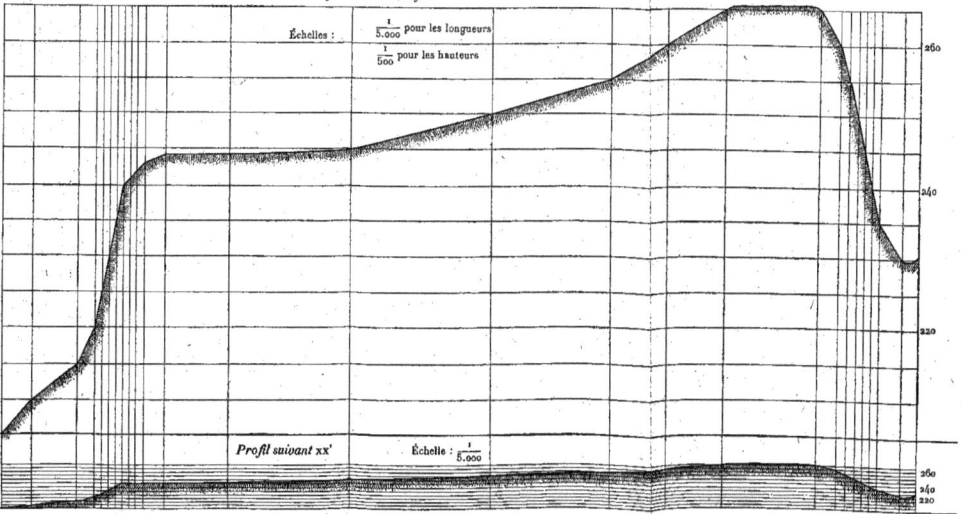

Échelles :  $\dfrac{1}{5.000}$  pour les longueurs

$\dfrac{1}{500}$  pour les hauteurs

260

240

220

**Profil suivant xx'**     Échelle :  $\dfrac{1}{5.000}$

260
240
220

Fig. 117 *bis.*

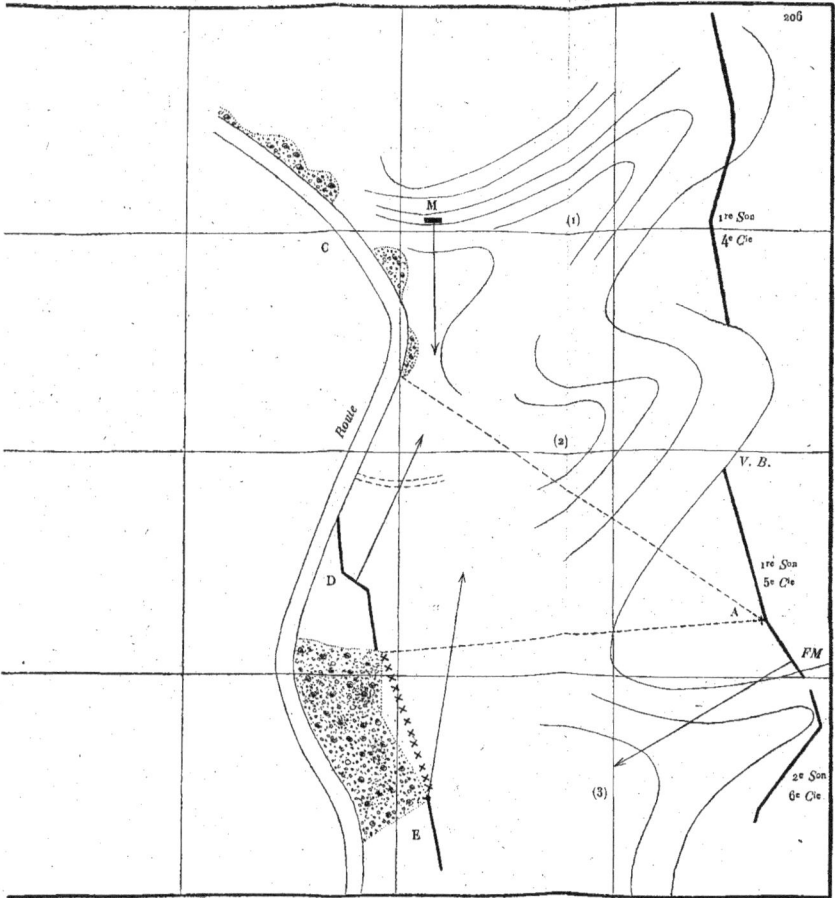

## COMPTE RENDU

N° : 2.    Jour : Mardi.    Date : 18 juin.    Heure : 16 h.    Signataire : *(Nom et grade)*.

Plan directeur au $\frac{1}{5.000}$.    Feuille de Combles.    Édition du 6 avril 1916.

*Topographie de campagne. — T. I.*

206

Fig. 118.

366

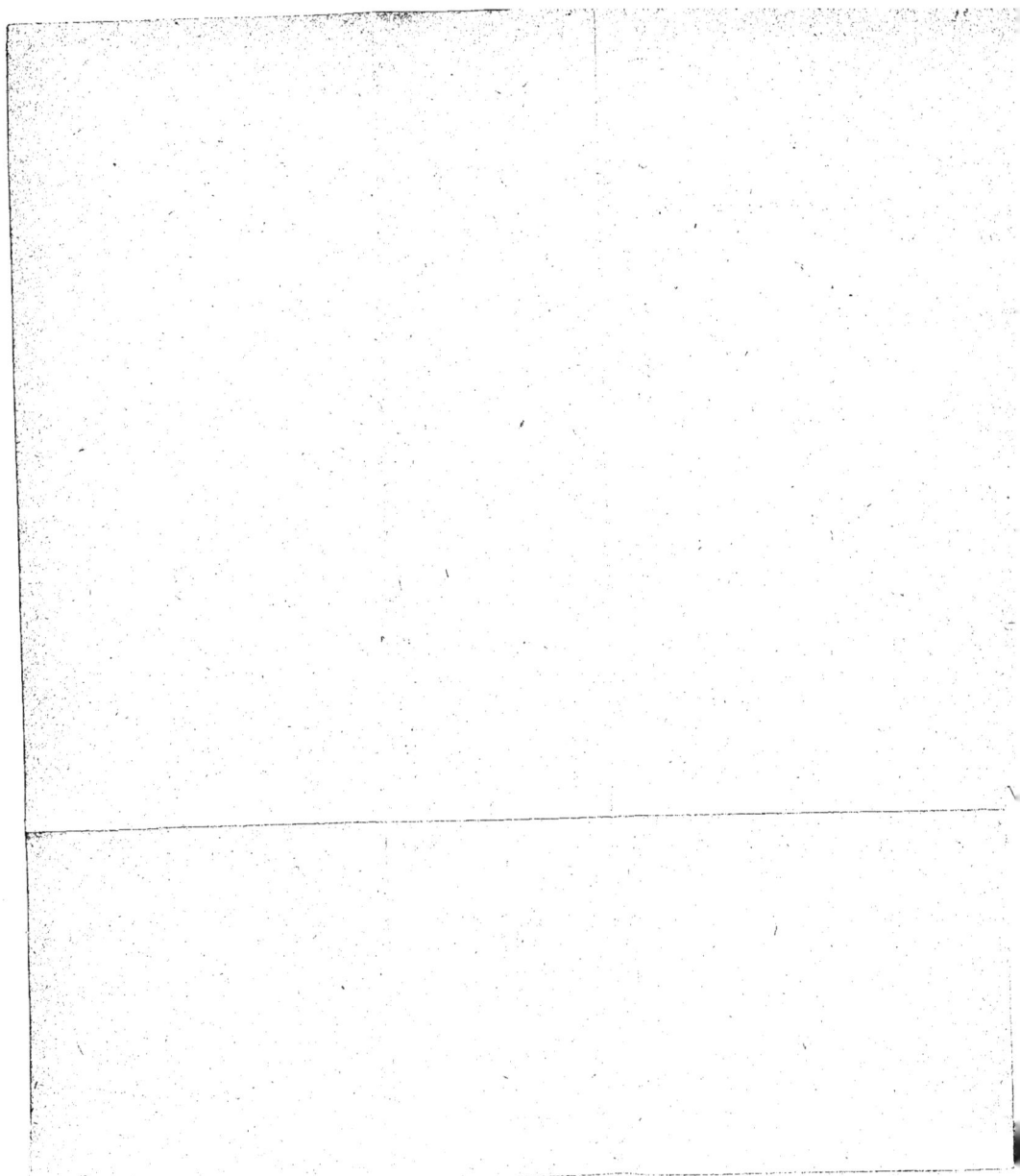

## COMPTE RENDU

N° : 3.      Jour : Mardi.      Date : 18 juin.      Heure : 17 h.      Signataire : *(Nom et grade).*

Plan directeur au $\frac{1}{5.000}$.      Feuille de Combles.      Édition du 6 avril 1916.

*Topographie de campagne. — T. I.*

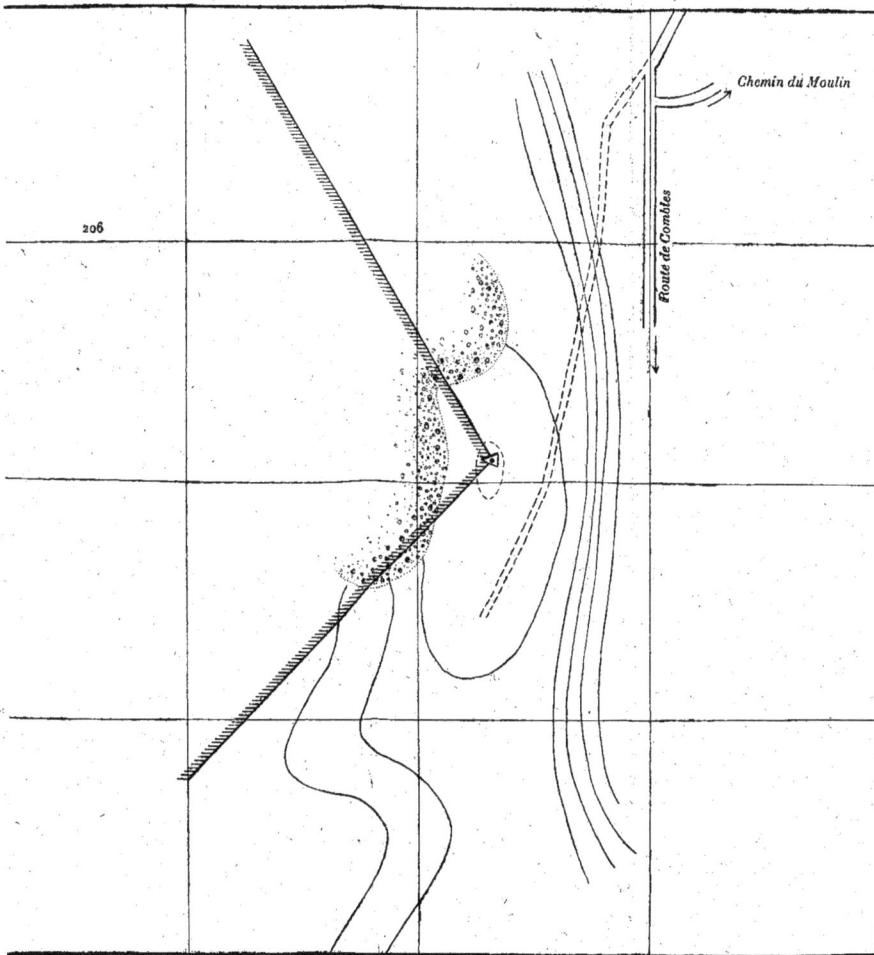

206

366

Fig. 119.

Chemin du Moulin

Route de Combles

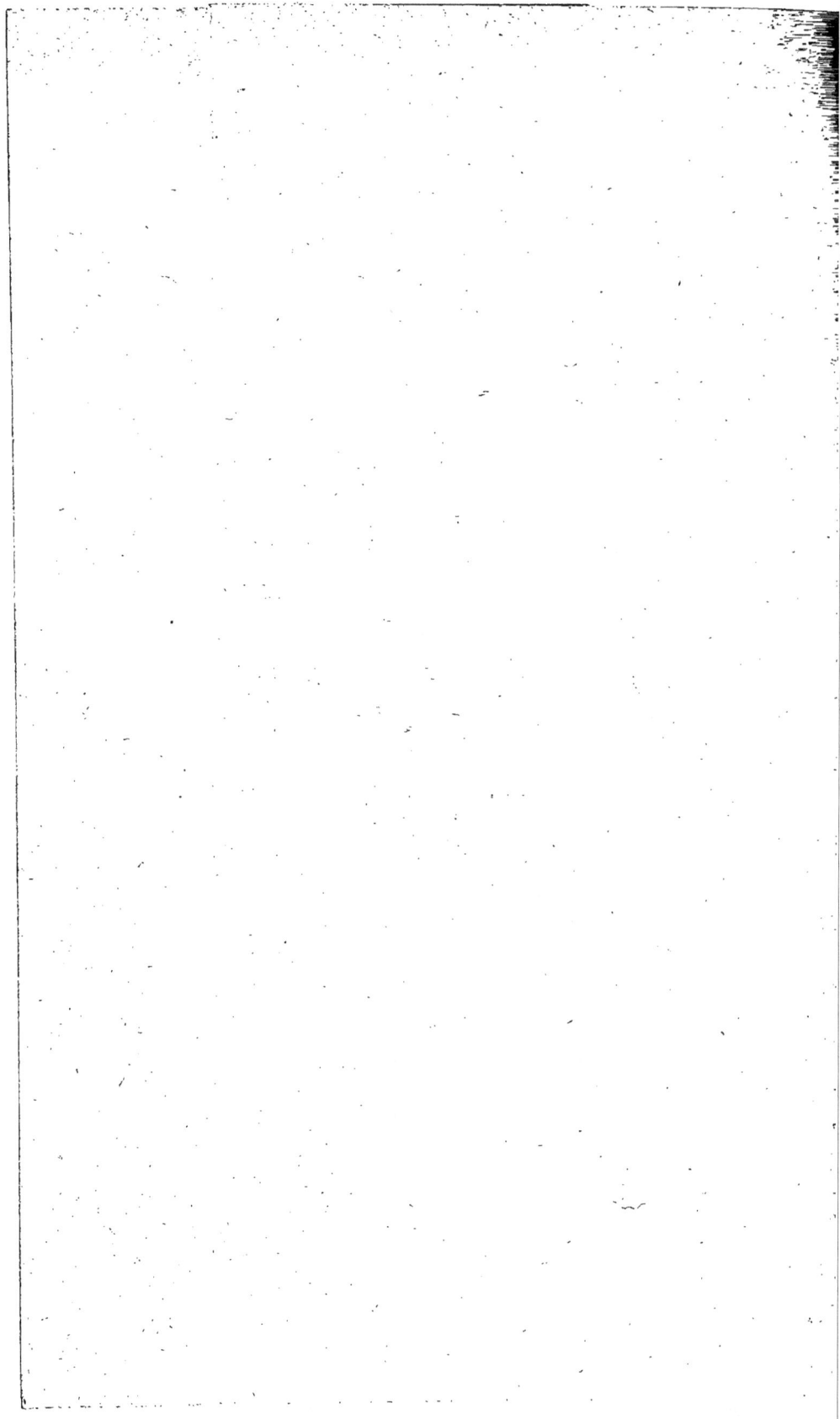

section. Il utilisera le flanc défilé jusqu'en *b*, gagnera la carrière *c*, profitera des abris qu'elle offre, utilisera le talus organisé en *d*, le chemin creux en *e*, le talus de remblai en *f*, les carrières en *g*, gagnera le talus de remblai en *h* et de là son objectif en B.

102. — On connaît toute l'importance qui s'attache au choix de bons observatoires.

« Il faut tout d'abord établir un service d'observation des lignes boches ; à tous les échelons, faire la chasse aux observatoires ; le choix de l'observatoire doit précéder celui du P. C. » (Général Lévi.)

Un chef de section a mis sa section à l'abri en A (fig. 117) : son premier devoir est de rechercher si en avant de lui il n'existe pas de positions où de bons observatoires pourraient être établis. Un rapide examen de son plan lui indique qu'il doit reconnaître au moins quatre points que j'ai indiqués par la lettre P. Si le chef de section ne peut procéder lui-même à cette reconnaissance, il pourra donner au gradé qu'il enverra des indications précises et même lui fixer l'itinéraire à suivre pour ne pas s'exposer aux coups de l'ennemi.

Enfin le plan directeur au $\frac{1}{5.000}$ doit servir au chef de section à établir ses comptes rendus suivant le modèle réglementaire. La question est de telle importance qu'elle mérite d'être étudiée en détails.

103. *Comptes rendus*. — La pochette renferme des imprimés pour comptes rendus et des feuilles de papier calque préparées pour établir le croquis à joindre obligatoirement au compte rendu.

Le chef de section a entre les mains le plan directeur au $\frac{1}{5.000}$ ; son bataillon vient d'être arrêté dans son mouvement de progression. Le chef de section prépare son compte

rendu et son croquis. Nous allons le suivre dans son travail.

*Compte rendu.* — Numéro et indications. Chaque compte
rendu est numéroté, les numéros d'ordre se suivant sans
interruption pour la même journée. En comparant les
numéros, le capitaine peut se rendre compte s'il existe une
lacune provenant par exemple de la mise hors de combat
d'un agent de liaison.

Date, heure.

*Croquis.* — Porter les indications du compte rendu :
numéro, jour, heure.

Ensuite, compléter l'indication de l'échelle. Copier sur le
plan directeur les indications : feuille, édition ; placer le
calque sur le plan directeur en faisant coïncider le bord du
cadre avec une ligne du quadrillage. Porter sur le calque
les numéros de deux lignes au moins du quadrillage (un
pour les abscisses, un pour les ordonnées).

Orienter avec la boussole.


### Je suis à...


*Compte rendu.* — Je suis en A à cheval sur la croupe qui
sépare les thalwegs 2 et 3.

*Croquis.* — Marquer le point A par une croix. Calquer
quelques courbes pour bien indiquer la croupe et les thalwegs 1 et 2.


### Dispositif de l'unité.


*Compte rendu.* — Ma section couvre un front de 210 m
environ. Je suis dans l'obligation de m'allonger ainsi :
1° pour avoir des vues sur les thalwegs 2 et 3 ; 2° pour
donner la main à la 1re section de la 4e compagnie qui vient
de prendre position sur ma droite. Mes F. M. battent le
thalweg 3 ; mes V. B. battent le thalweg 2.

*Croquis.* — Marquer le front couvert par la section; l'emplacement des spécialités.

### *Liaison avec les unités voisines.*

*Compte rendu.* — En liaison au nord avec la 1<sup>re</sup> section de la 4<sup>e</sup> compagnie qui a pris position sur la crête militaire entre les thalwegs 1 et 2; il y a un trou d'environ 100 m entre la droite de ma section et la gauche de la 1<sup>re</sup> section de la 4<sup>e</sup> compagnie. Au sud je suis au contact avec la 2<sup>e</sup> section de la 6<sup>e</sup> compagnie qui a pris position pour battre le thalweg 3.

*Croquis.* — Porter l'emplacement des sections.

### *Renseignements sur l'ennemi.*

*Compte rendu.* — Je vois très nettement avec ma jumelle :

1° Des guetteurs dans les carrières en C ;

2° Des tirailleurs qui circulent sur la route en se glissant d'arbre en arbre ;

3° Des éléments de tranchée en D et en E ;

4° Un réseau de fil de fer en avant de la lisière du bois ;

5° Un abri de mitrailleuse en M.

Je relève dans la ligne ennemie en D et E des brisures qui semblent marquer l'emplacement de mitrailleuses.

La position ennemie me paraît être constituée par une ligne continue comprenant du nord au sud les carrières, les fossés de la route, des éléments de tranchée, la lisière organisée du bois, et se continuant par des éléments de tranchée.

Il y a des mitrailleuses de flanquement, sûrement en M, probablement en D et E.

*Croquis.* — Calquer les carrières, la route, les arbres, le bois — placer les éléments de tranchée, les fils de fer, —

marquer les lettres citées dans le compte rendu, l'emplacement des mitrailleuses.

### Observatoires reconnus.

*Compte rendu.* — Je vois, du point A, la ligne ennemie dans son ensemble sur une longueur de 800 m environ.

Je vais adresser un croquis séparé relatif à un emplacement pour observatoire d'artillerie reconnu en arrière de ma position.

Renseignements topographiques : terrain pierreux, très dur.

Les points dangereux de ma position sont les thalwegs 1, 2 et 3 par où l'ennemi pourrait essayer de lancer une contre-attaque. Il faudra organiser une surveillance spéciale pour la nuit.

Divers : les hommes ont commencé à creuser des abris individuels.

Pas d'avions ennemis.

A 15 heures, deux avions français ont passé la ligne allant vers l'ennemi.

Quelques coups de fusil partant de la corne sud du bois.

L'artillerie ennemie est silencieuse.

**104. *Reconnaissance d'un emplacement pour observatoire d'artillerie.*** — *Compte rendu.* — Numéro, jour, date, heure. Emplacement favorable pour observatoire d'artillerie à 50 m à l'est de la Grande Carrière. Abris pour le personnel dans la carrière. Itinéraire : suivre la route de Combles jusqu'au point de rencontre avec le chemin du Moulin. Prendre le chemin de terre qui à 30 m au nord de ce point de rencontre monte sur le plateau en se dirigeant vers le sud-ouest.

*Croquis.* — Numéro, jour, date, heure.

Indication de l'échelle, de la feuille, de l'édition.

Marquer l'emplacement du poste par le signe ∆.

Porter tous les détails indiqués dans le compte rendu.

Lever l'angle de visibilité comme il a été indiqué en détail au n° 42 ; le marquer sur le croquis par un frottis de crayon.

# CHAPITRE X

## BAGAGE TOPOGRAPHIQUE DU CHEF DE SECTION

105. — Sur le terrain, le chef de section doit pouvoir :

1° Mesurer une longueur;

2° Lever un angle ;

3° Prendre une hauteur.

Il mesure les longueurs au pas (10 et 11).

Pour lever un angle il prendra avec sa boussole l'azimut des deux côtés (40 et 41).

Pour prendre une hauteur il se servira du niveau à perpendicule ou d'un niveau de fortune (22 et 23).

Les boussoles mises à la disposition du chef de section sont de forme circulaire et l'aiguille n'a que 4 cm de longueur, conditions qui rendent le travail assez difficile. Pour remédier à cet inconvénient, il suffit de prendre une planchette de 20 cm × 10 cm environ et d'une épaisseur de 1 cm; de creuser à mi-bois le logement circulaire de la boussole qui sera ainsi encastrée sur le milieu de la planchette.

Deux taquets en bois T et T′ sont fixés sur la planchette et servent à maintenir un fil tendu $ab$. La ligne de foi 0-180 de la boussole et le fil doivent être exactement superposés, condition très facile à réaliser et à vérifier.

On vise par le fil $ab$ le point dont on veut prendre l'azimut et l'inconvénient résultant de la faible longueur de l'aiguille est ainsi en partie supprimé.

Cette disposition rend aussi plus facile l'orientation du plan directeur; il suffit de placer le grand côté de la planchette sur la direction donnée par la flèche de direction portant l'indication : Nord magnétique.

Au dos de la planchette on trace un niveau à perpendicule pour les angles de 1 à 45°.

$\frac{1}{2}$ *grandeur naturelle.*

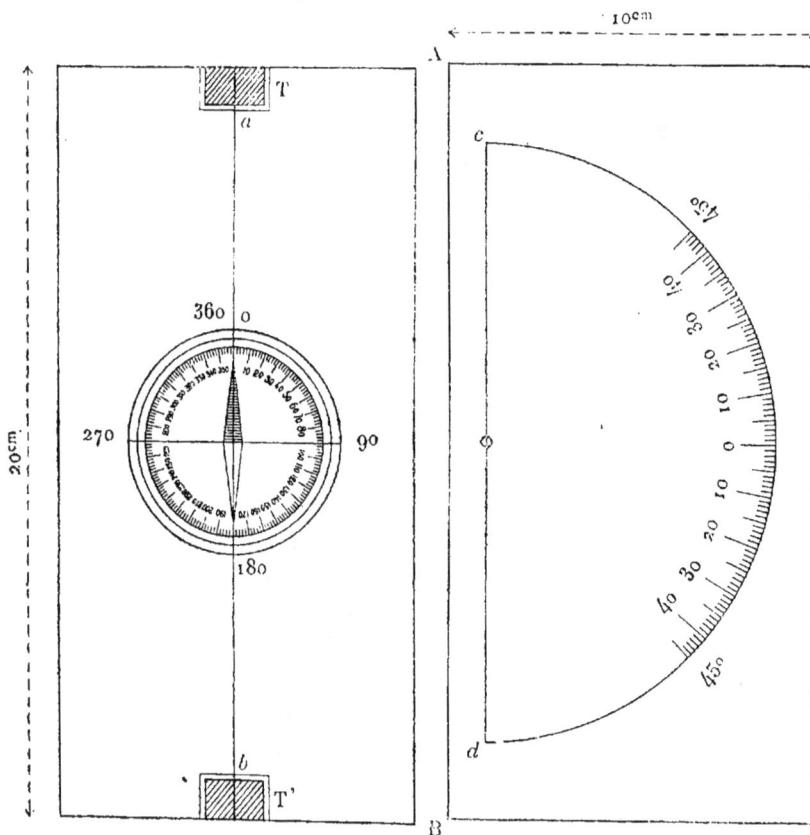

Fig. 120.

Le chef de section aura ainsi un instrument solide et robuste qui lui permettra de lever rapidement un angle ou une hauteur.

Il devra avoir en outre :

Du papier ordinaire ; un peu de papier à calquer ; une ou deux feuilles de papier quadrillé au millimètre ;

Deux crayons, l'un noir, l'autre bistre ou brun ;

Une gomme ;

Un rapporteur ;

Un double décimètre attaché à un cordonnet de 5o cm de longueur ;

Des punaises ;

Son carnet de comptes rendus où il placera une copie de la table de pente et de réduction à l'horizon pour les angles de 1 à 45°.

Les papiers seront placés dans une chemise en carton fort qui servira au chef de section de planchette d'appui ; il y fixera son plan directeur et sa feuille de papier calque au moyen de punaises et il pourra ainsi établir commodément son croquis.

Ce bagage est peu encombrant ; il permettra en toutes circonstances au chef de section d'établir des documents lisibles et précis ; de les envoyer au commandement en temps utile et en un mot de faire intelligemment tout son devoir.

## Table de doubles pas exprimés en mètres

$$1 \ \text{à} \ 600 \left( \frac{100 \times n}{60} \right)$$

| DOUBLES pas | CENTAINES DU NOMBRE | | | | | | DOUBLES pas | CENTAINES DU NOMBRE | | | | | |
|---|---|---|---|---|---|---|---|---|---|---|---|---|---|
| | 0 | 1 | 2 | 3 | 4 | 5 | | 0 | 1 | 2 | 3 | 4 | 5 |
| 0 | | 167 | 333 | 500 | 667 | 833 | 50 | 83.50 | 250 | 417 | 583 | 750 | 917 |
| 1 | 1.50 | 168 | 335 | 502 | 668 | 835 | 51 | 85 | 252 | 418 | 585 | 752 | 918 |
| 2 | 3.50 | 170 | 337 | 503 | 670 | 837 | 52 | 86.50 | 253 | 420 | 587 | 753 | 920 |
| 3 | 5 | 172 | 338 | 505 | 672 | 838 | 53 | 88.50 | 255 | 422 | 588 | 755 | 922 |
| 4 | 6.50 | 173 | 340 | 507 | 673 | 840 | 54 | 90 | 257 | 423 | 590 | 757 | 923 |
| 5 | 8.50 | 175 | 342 | 508 | 675 | 842 | 55 | 91.50 | 258 | 425 | 592 | 758 | 925 |
| 6 | 10 | 177 | 343 | 510 | 677 | 843 | 56 | 93.50 | 260 | 427 | 593 | 760 | 927 |
| 7 | 11.50 | 178 | 345 | 512 | 678 | 845 | 57 | 95 | 262 | 428 | 595 | 762 | 928 |
| 8 | 13.50 | 180 | 347 | 513 | 680 | 847 | 58 | 96.50 | 263 | 430 | 597 | 763 | 930 |
| 9 | 15 | 182 | 348 | 515 | 682 | 848 | 59 | 98.50 | 265 | 432 | 598 | 765 | 932 |
| 10 | 16.50 | 183 | 350 | 517 | 683 | 850 | 60 | 100 | 267 | 433 | 600 | 767 | 933 |
| 11 | 18.50 | 185 | 352 | 518 | 685 | 852 | 61 | 101.50 | 268 | 435 | 602 | 768 | 935 |
| 12 | 20 | 187 | 353 | 520 | 687 | 853 | 62 | 103.50 | 270 | 437 | 603 | 770 | 937 |
| 13 | 21.50 | 188 | 355 | 522 | 688 | 855 | 63 | 105 | 272 | 438 | 605 | 772 | 938 |
| 14 | 23.50 | 190 | 357 | 523 | 690 | 857 | 64 | 106.50 | 273 | 440 | 607 | 773 | 940 |
| 15 | 25 | 192 | 358 | 525 | 692 | 858 | 65 | 108.50 | 275 | 442 | 608 | 775 | 942 |
| 16 | 26.50 | 193 | 360 | 527 | 693 | 860 | 66 | 110 | 277 | 443 | 610 | 777 | 943 |
| 17 | 28.50 | 195 | 362 | 528 | 695 | 862 | 67 | 111.50 | 278 | 445 | 612 | 778 | 945 |
| 18 | 30 | 197 | 363 | 530 | 697 | 863 | 68 | 113.50 | 280 | 447 | 613 | 780 | 947 |
| 19 | 31.50 | 198 | 365 | 532 | 698 | 865 | 69 | 115 | 282 | 448 | 615 | 782 | 948 |
| 20 | 33.50 | 200 | 367 | 533 | 700 | 867 | 70 | 116.50 | 283 | 450 | 617 | 783 | 950 |
| 21 | 35 | 202 | 368 | 535 | 702 | 868 | 71 | 118.50 | 285 | 452 | 618 | 785 | 952 |
| 22 | 36.50 | 203 | 370 | 537 | 703 | 870 | 72 | 120 | 287 | 453 | 620 | 787 | 953 |
| 23 | 38.50 | 205 | 372 | 538 | 705 | 872 | 73 | 121.50 | 288 | 455 | 622 | 788 | 955 |
| 24 | 40 | 207 | 373 | 540 | 707 | 873 | 74 | 123.50 | 290 | 457 | 623 | 790 | 957 |
| 25 | 41.50 | 208 | 375 | 542 | 708 | 875 | 75 | 125 | 292 | 458 | 625 | 792 | 958 |
| 26 | 43.50 | 210 | 377 | 543 | 710 | 877 | 76 | 126.50 | 293 | 460 | 627 | 793 | 960 |
| 27 | 45 | 212 | 378 | 545 | 712 | 878 | 77 | 128.50 | 295 | 462 | 628 | 795 | 962 |
| 28 | 46.50 | 213 | 380 | 547 | 713 | 880 | 78 | 130 | 297 | 463 | 630 | 797 | 963 |
| 29 | 48.50 | 215 | 382 | 548 | 715 | 882 | 79 | 131.50 | 298 | 465 | 632 | 798 | 965 |
| 30 | 50 | 217 | 383 | 550 | 717 | 883 | 80 | 133.50 | 300 | 467 | 633 | 800 | 967 |
| 31 | 51.50 | 218 | 385 | 552 | 718 | 885 | 81 | 135 | 302 | 468 | 635 | 802 | 968 |
| 32 | 53.50 | 220 | 387 | 553 | 720 | 887 | 82 | 136.50 | 303 | 470 | 637 | 803 | 970 |
| 33 | 55 | 222 | 388 | 555 | 722 | 888 | 83 | 138.50 | 305 | 472 | 638 | 805 | 972 |
| 34 | 56.50 | 223 | 390 | 557 | 723 | 890 | 84 | 140 | 307 | 473 | 640 | 807 | 973 |
| 35 | 58.50 | 225 | 392 | 558 | 725 | 892 | 85 | 141.50 | 308 | 475 | 642 | 808 | 975 |
| 36 | 60 | 227 | 393 | 560 | 727 | 893 | 86 | 143.50 | 310 | 477 | 643 | 810 | 977 |
| 37 | 61.50 | 228 | 395 | 562 | 728 | 895 | 87 | 145 | 312 | 478 | 645 | 812 | 978 |
| 38 | 63.50 | 230 | 397 | 563 | 730 | 897 | 88 | 146.50 | 313 | 480 | 647 | 813 | 980 |
| 39 | 65 | 232 | 398 | 565 | 732 | 898 | 89 | 148.50 | 315 | 482 | 648 | 815 | 982 |
| 40 | 66.50 | 233 | 400 | 567 | 733 | 900 | 90 | 150 | 317 | 483 | 650 | 817 | 983 |
| 41 | 68.50 | 235 | 402 | 568 | 735 | 902 | 91 | 151.50 | 318 | 485 | 652 | 818 | 985 |
| 42 | 70 | 237 | 403 | 570 | 737 | 903 | 92 | 153.50 | 320 | 487 | 653 | 820 | 987 |
| 43 | 71.50 | 238 | 405 | 572 | 738 | 905 | 93 | 155 | 322 | 488 | 655 | 822 | 988 |
| 44 | 73.50 | 240 | 407 | 573 | 740 | 907 | 94 | 156.50 | 323 | 490 | 657 | 823 | 990 |
| 45 | 75 | 242 | 408 | 575 | 742 | 908 | 95 | 158.50 | 325 | 492 | 658 | 825 | 992 |
| 46 | 76.50 | 243 | 410 | 577 | 743 | 910 | 96 | 160 | 327 | 493 | 660 | 827 | 993 |
| 47 | 78.50 | 245 | 412 | 578 | 745 | 912 | 97 | 161.50 | 328 | 495 | 662 | 828 | 995 |
| 48 | 80 | 247 | 413 | 580 | 747 | 913 | 98 | 163.50 | 330 | 497 | 663 | 830 | 997 |
| 49 | 81.50 | 248 | 415 | 582 | 748 | 915 | 99 | 165 | 332 | 498 | 665 | 832 | 998 |

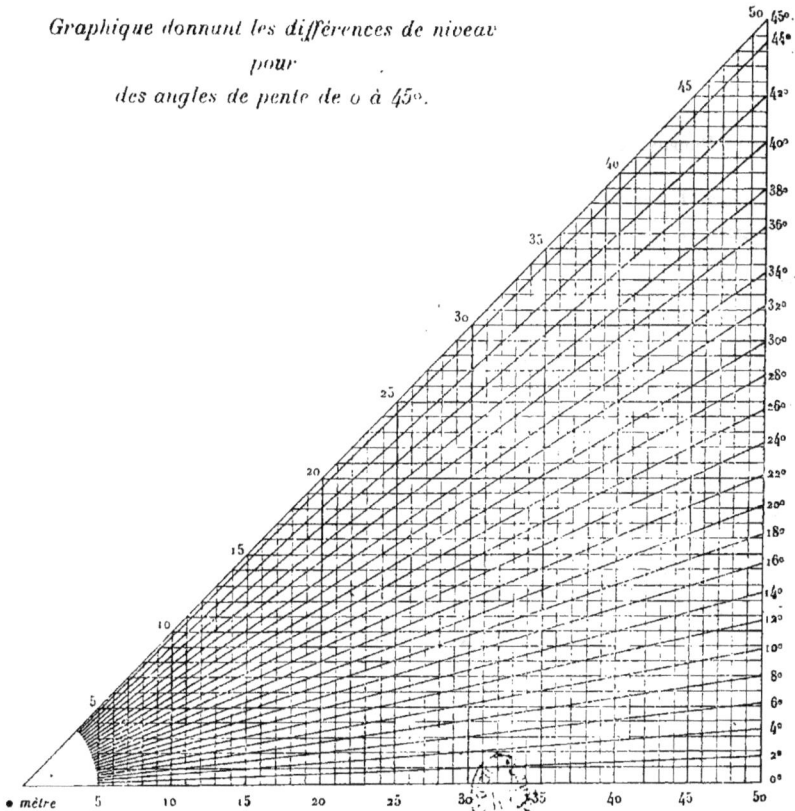

Graphique donnant les différences de niveau
pour
des angles de pente de o à 45°.

# TABLE DES MATIÈRES

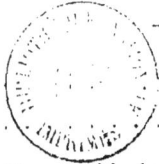

NANCY, IMPRIMERIE BERGER-LEVRAULT — NOVEMBRE 1917

**Éléments de Topographie militaire**, *à l'usage des sous-officiers d'artillerie*, par P. Maisons, lieutenant au 59e régiment d'artillerie. Nouvelle édition. 1917. Brochure in-12, avec 25 figures et 2 planches hors texte . . . . . . 1 fr.

**La Clé des champs.** *Le régiment sur le terrain. Le compas dans l'œil. Tous dehors (leçons de choses, les images, le compte rendu). Le terrain chez soi*, par le commandant Morelle. 6e édition 1917. In-8, avec 10 planches en partie en couleurs, broché . . . . . . . . . . . . . . . . 5 fr.

**Lecture de la Carte et Service en campagne**, *à l'usage des brigadiers et élèves brigadiers de cavalerie*. 1911. Volume in-18, avec 52 figures . . . 50 c.

**Évaluation des distances.** *Méthode simple et pratique pour la reconnaissance des objectifs et du terrain*, par le général Péron, 4e tirage. 1916. Brochure in-8 de 55 pages, avec une planche hors texte . . . . . . 60 c.

**Carnet d'exécution pour Croquis de Reconnaissance**, autorisé par circulaire ministérielle du 14 février 1908 (Direction de l'artillerie. — Bureau du matériel. — No 28). Feuillets à souche perforée, avec une Notice pour l'exécution. In-18 . . . . . . . . . . . . . . . . . . 40 c.

**Quand le Soleil est-il à l'Est ?** A ceux qui courent ou volent sous le Soleil, pour combattre une erreur trop répandue, par L. Perron de Mendesse, colonel du génie breveté. 1910. Brochure in-8, avec 19 figures et 1 planche . . 2 fr.

**Boussole et Direction.** *Causerie pratique faite aux officiers de son régiment*, par le capitaine d'infanterie G. Mondeil. 1906. Grand in-8, avec 14 figures et 2 cartes, broché . . . . . . . . . . . . . . 1 fr. 25

**Abréviations et Signes topographiques en usage dans les documents militaires allemands**, par G. Rosenberg et A. Gévin, interprètes militaires de réserve. 1913. In-18 de 87 pages, avec figures, broché . 1 fr. 50

**Les Abréviations et Signes abréviatifs usités dans l'armée anglaise**, à l'usage des officiers en général et des officiers interprètes en particulier, par Jean Baetz, officier interprète. 1915. Volume in-8 étroit . 1 fr. 50

**Manuel des Travaux de campagne de l'Officier d'Infanterie**, par le lieutenant C.-L. Gatin. 1915. Volume in-8 étroit, avec 166 fig., cartonné. 2 fr.

**La Vie de Tranchées.** 1915. Volume in-12 . . . . . . . . . 50 c.

**La Tranchée**, par le commandant Morelle. 1915. Brochure in-8 . . 75 c.

**Mines et Tranchées**, par H. de Varigny. 1915. Volume in-12, avec 8 fig. 60 c.

**Instruction allemande sur le service du Pionnier dans la guerre de siège (1913).** Traduction faite à la S. T. G. (ministère de la Guerre). 1916. Volume in-8 étroit, avec 92 figures, cartonné. . . . . . . . 2 fr.

**Service du Pionnier allemand de toutes armes en campagne** (*Projet du 12 décembre 1911*). Traduction faite à la S. T. G. (ministère de la Guerre). 1916. Volume in-8 étroit, avec 263 figures, cartonné . . . . . 3 fr.

**Histoire de la guerre souterraine**, par A. Gévin, capitaine du génie, ancien élève de l'École polytechnique. 1914. Un volume in-8, avec 37 figures et 13 planches hors texte, broché . . . . . . . . . . . . 5 fr.

**La Fortification dans la guerre napoléonienne**, par le général Camon. 1914. Un volume in-8, avec 15 figures, broché . . . . . . . . 2 fr.

**Sébastopol. Guerre de Mines**, par F. Taillier, capitaine du génie. 1906. In-8, avec 4 planches in-folio . . . . . . . . . . . . . 2 fr. 50

**Agenda militaire Berger-Levrault pour 1918.** *Carnet de poche à l'usage des officiers et sous-officiers de toutes armes.* Volume in-16 sur papier mince, de 424 pages, reliure souple avec bande élastique . . . . 2 fr.

— **Édition à l'usage des officiers supérieurs, adjudants-majors et services généraux de toutes armes** . . . . . . . . . . . . . . 2 fr.

www.ingramcontent.com/pod-product-compliance
Lightning Source LLC
Chambersburg PA
CBHW050123210326
41519CB00015BA/4079